Mystères de la formation des Galaxies

Vers une nouvelle physique ?

Françoise Combes
Astronome à l'Observatoire de Paris,
membre de l'Académie des sciences

DUNOD

Illustrations de couverture :
(Bas) Galaxie en interaction, ARP 87 (© ESA / NASA - Hubble)
(Haut) : © ESO

ISBN 978-2-10-049529-0

Table des matières

Que soit vivement remerciés mon
père André Combes pour sa relecture patiente
et ses demandes d'explications, et aussi Denis Bottaro
pour ses conseils avisés et son soutien sans faille.

Avant-propos

L'Univers qui nous entoure est composé de galaxies, elles-mêmes rassemblées en groupes d'une dizaine, ou en amas de centaines de galaxies, puis en superamas. Comment se sont formées toutes ces structures ? D'où viennent-elles ?

Prenons le cas de notre galaxie, la Voie Lactée : c'est une bande blanche, « laiteuse », lumineuse car formée d'une grande quantité d'étoiles. Notre Soleil est une étoile parmi les centaines de milliards qui peuplent la Voie Lactée.

Une galaxie est un ensemble d'étoiles (typiquement une centaine de milliards), cohabitant avec du gaz et de la poussière, formant le milieu interstellaire dans lequel vont naître les nouvelles étoiles.

Le mystère de la formation des galaxies est complexe, et nécessite la connaissance de nombreuses notions et phénomènes concernant la naissance de l'Univers. Nous allons les présenter au fur et à mesure de notre parcours.

Tout d'abord nous présenterons au chapitre 1 le contexte dans lequel tous ces événements se placent : l'expansion de l'Univers à partir du Big-Bang, les premières « inhomogénéités », qui en croissant ont donné lieu aux premières structures. C'est le cadre dans lequel tous nos « personnages » ou objets célestes vont évoluer, et il est essentiel de décrire d'abord leur décor, même si celui-ci est repris et brossé plus en détail par la suite.

Lorsque l'on parle de l'Univers, les distances et les durées sont déroutantes. Nous allons aborder des ordres de grandeur extraordinaires : la distance Terre-Soleil nous paraît déjà très grande, 150 millions de kilomètres, et la lumière met déjà 8 minutes à nous parvenir de notre étoile familière.

Toutefois, cette unité astronomique est encore trop petite pour nous servir de règle. Nous allons utiliser les années-lumière, qui représentent la distance que la lumière parcourt en un an, à la vitesse de 300 000 km par seconde. Mais la région de l'Univers que nous allons décrire mesure plus d'une dizaine de milliards d'années-lumière. Nous utiliserons donc une unité plus grande, le *parsec*, qui vaut 3,26 années-lumière, soit environ 3×10^{13} km. Cette unité vaut 200 000 fois la distance Terre-Soleil !

Enfin, l'espace et le temps vont nous apparaître intimement mêlés, contrairement à notre expérience de tous les jours. En astronomie, le télescope est une machine à remonter le temps, comme nous le verrons dès le premier chapitre. Cela permet d'observer aujourd'hui le passé des galaxies lointaines ; c'est pourquoi nous parlerons d'elles au présent. Mais il s'agira des étapes de leur jeunesse à jamais révolue ! Le mélange des temps pourra surprendre au départ, mais va devenir bien vite une habitude.

En préambule à chaque chapitre apparaît un bref résumé de celui-ci. Cela permet de se faire une idée de son contenu général, et de découvrir les termes et les notions qui vont y être définis. La lecture des divers chapitres ne sera pas forcément linéaire et continue, et ces résumés permettent de vagabonder d'un chapitre à l'autre, avec des sauts et des retours, selon la logique préférée de chaque lecteur.

Bien que les termes techniques soient définis la première fois qu'ils apparaissent, il est possible de consulter le glossaire à n'importe quel moment, pour y retrouver leur définition ainsi que celle des unités utilisées.

Chapitre 1

Remonter le temps et observer l'Univers jeune

Si notre connaissance de la formation des galaxies a fait des progrès immenses ces dernières années, c'est grâce à la puissance accrue des télescopes, qui peuvent détecter les galaxies très lointaines, et ainsi remonter dans le temps, pratiquement jusqu'à 95 % de l'âge de l'Univers. Quel est le volume d'Univers qui nous est ainsi accessible ? Il existe une limite naturelle qui est celle de l'horizon, aux confins duquel nous remontons aujourd'hui.

Pour cartographier ce volume accessible, il nous faut définir des distances, et dans un Univers en expansion ce n'est pas facile : il existe plusieurs distances différentes, un phénomène auquel nous ne sommes pas habitués dans l'Univers local.

Comment les premières structures se sont-elles formées ? Dans la soupe initiale faite de particules ionisées, de matière noire et de photons, les fluctuations primordiales de densité qui sont les graines des structures actuelles, sont observées aujourd'hui sous forme d'anisotropies du fond cosmologique micro-onde, mais elles sont extrêmement faibles. Auront-elles le temps de s'effondrer sous l'effet de leur gravité, malgré l'expansion de l'Univers ?

Les images à haute définition du télescope spatial Hubble permettent non seulement de suivre l'évolution en direct, en observant les galaxies lointaines, mais aussi d'observer les étoiles individuelles dans les galaxies proches, afin de connaître leurs âges respectifs, et de retrouver ainsi l'évolution des galaxies comme par une reconstitution historique.

LE TÉLESCOPE, UNE MACHINE À REMONTER LE TEMPS

Qui n'a un jour rêvé de pouvoir revenir en arrière, se mêler à la vie de nos arrière-grands-parents, vivre à la cour de Louis XIV, ou à l'époque des Lumières ?

Le télescope permet en quelque sorte ce genre de retour en arrière, mais avec une contrepartie : il faut aussi voyager dans l'espace. Plus on s'éloigne dans l'espace, plus on remonte dans le temps, et plus les galaxies rencontrées sont jeunes.

Nous ne pourrons donc pas voir notre propre Galaxie, la Voie Lactée, lors de sa formation et pendant sa jeunesse ; en revanche nous pourrons voir la formation de galaxies très éloignées.

Cette magie de la machine à remonter le temps est due à la limitation de la vitesse de la lumière (environ 300 000 km par seconde) qu'aucun signal ne peut dépasser, quelle que soit la vitesse du mobile qui l'émet. Aucun signal venant des galaxies voisines ne peut aller plus vite.

Tout d'abord, la vision que nous avons du système solaire n'est pas instantanée, puisque la lumière met plusieurs heures à nous parvenir des objets les plus lointains. C'est d'ailleurs à partir de cet effet que le Danois Ole Romer put, en 1676, à l'Observatoire de Paris, déterminer le premier une estimation de la vitesse de la lumière.

Notre proche voisine, la galaxie d'Andromède, est à environ 2 millions d'années-lumière de nous. Nous n'avons donc pas une vision « contemporaine » de ses bras spiraux, nous voyons la configuration qu'ils avaient il y a 2 millions d'années…

Nous contemplons l'amas de galaxies le plus proche, l'amas de la Vierge, tel qu'il était il y a environ 65 millions d'années… lorsqu'il y avait encore des dinosaures sur la Terre.

Plus on s'éloigne, plus on remonte dans le temps. Les images que nous avons des galaxies les plus lointaines observées aujourd'hui, proviennent de rayons de lumière qui ont été émis il y a 13 milliards d'années, lorsque l'Univers n'avait que 5 % de son âge actuel ! Il est vraisemblable qu'aujourd'hui ces galaxies, qui sont aux confins de notre horizon actuel, ont beaucoup évolué, ont même peut-être fusionné avec des galaxies voisines. Si nous pouvions les voir telles qu'elles sont aujourd'hui, nous ne les reconnaîtrions sans doute pas !

L'HORIZON DE NOTRE UNIVERS

Chaque point de l'Univers (qui est peut-être infini, nous reviendrons sur cette question), est ainsi le centre d'une sphère constituant son horizon visible.

Autour de notre Galaxie, la Voie Lactée, un tel horizon nous entoure. Le rayon de la sphère est la distance parcourue par la lumière depuis le début de l'Univers, le Big-Bang. Comme l'on connaît avec précision l'âge de l'Univers, 13,7 milliards d'années, le rayon de l'horizon serait de 13,7 milliards d'années-lumière.

Même si de nombreuses galaxies existent bien au-delà de notre horizon, nous ne pourrons pas les voir : leurs signaux mettraient plus que l'âge de l'Univers à nous parvenir. Ces considérations nous permettent de prendre conscience des réalités de l'espace-temps.

Bien entendu, on peut imaginer des galaxies semblables à la nôtre, au même degré d'évolution, s'échelonnant jusqu'à l'infini, mais ce n'est pas ce que nous pouvons voir directement, car lorsque nous nous approchons de notre horizon, nous voyons… le Big-Bang.

Cependant, certaines des galaxies que nous observons jeunes apparaissent certainement plus évoluées au centre de l'horizon visible d'observateurs situés dans d'autres galaxies lointaines de notre Univers… lesquels peuvent observer des galaxies invisibles pour nous (et inversement) !

Comme on peut le voir sur la figure 1.1, s'étalent devant nous les galaxies à différents stades de leur évolution, jusqu'à leur formation tout près de l'horizon, à la frontière de la période de l'âge sombre de l'Univers, que nous allons maintenant décrire. Il suffit donc d'observer avec une grande profondeur, c'est-à-dire observer très loin, pour avoir devant soi le livre ouvert de l'évolution.

Figure 1.1 Représentation schématique de l'horizon, comme une sphère autour d'un point donné de l'Univers

L'observateur est au centre de la sphère, qui a pour rayon le chemin parcouru par la lumière pendant 13,7 milliards d'années, le temps écoulé depuis le Big-Bang. Observer loin revient à remonter le temps : l'observateur voit les galaxies dans l'état où elles étaient lorsqu'elles ont émis la lumière qui vient de lui arriver. On arrive ainsi aujourd'hui à remonter jusqu'à 95 % de l'âge de l'Univers. Le bord de la sphère correspond au Big-Bang. L'Univers est peu après composé de particules chargées, c'est-à-dire un plasma opaque aux rayons lumineux, qui sont diffusés par les ions et électrons. Cette phase est représentée ici par un anneau à l'aspect moiré opaque. 380 000 ans après le Big-Bang, les ions se recombinent pour former des atomes d'hydrogène, c'est le début de l'âge sombre, période noire de la sphère, avant l'apparition des premières galaxies. Lorsque l'observateur reçoit aujourd'hui les photons du fond cosmique micro-onde, vestiges du Big-Bang, il remonte le temps jusqu'à la dernière surface de diffusion des photons, qui est la frontière du cercle moiré sur le schéma (première surface opaque).

Bien sûr chaque observateur ne voit qu'une partie de l'Univers, un second observateur situé dans une autre galaxie verrait d'autres objets célestes invisibles pour celui-ci. Chaque observateur est entouré de sa sphère-horizon.

HORIZON ET EXPANSION DE L'UNIVERS

L'horizon de l'Univers évolue lui aussi avec le temps. Tout d'abord il s'agrandit avec l'âge de l'Univers, puisque son rayon est la distance parcourue par la lumière depuis le Big-Bang. Mais pour savoir s'il contient plus de galaxies, il faut prendre en compte l'expansion de l'Univers.

L'expansion de l'Univers a été découverte vers 1920, par Edwin Hubble, qui a remarqué que le décalage spectral vers le rouge ou « *redshift* » des galaxies dans notre voisinage est proportionnel à leur distance. La constante de proportionnalité est appelée depuis « constante de Hubble ». Ce décalage vers le rouge est souvent interprété comme un effet Doppler, selon lequel la fréquence du rayonnement émis par un objet qui s'éloigne (ou se rapproche) est plus basse (ou plus élevée) que sa fréquence au repos. L'effet Doppler sonore nous est très familier, car il rend les sons de sirènes des voitures de pompiers plus aigus lorsqu'ils s'approchent et plus bas lorsqu'ils s'éloignent. Puisque la lumière (et notamment les raies spectrales) qui nous provient des galaxies lointaines est décalée vers le rouge, une interprétation intuitive est que les galaxies s'éloignent, d'autant plus vite qu'elles sont plus loin. Mais cette récession des galaxies n'est qu'apparente.

En réalité, l'expansion de l'Univers correspond à un allongement de toutes les distances. Prenons l'exemple d'un ballon de baudruche que l'on gonfle et imaginons que l'Univers est seulement à deux dimensions et correspond à la surface du ballon. Les galaxies sont des points fixes dessinés sur le ballon. Au fur et à mesure que le ballon se gonfle, les galaxies s'éloignent les unes par rapport aux autres. Aucune n'est privilégiée, aucune n'est au centre de l'Univers, mais chacune voit toutes les autres galaxies s'éloigner avec une vitesse proportionnelle à sa distance originelle. Ce ne sont pas de vrais mouvements, et l'analogie avec un effet Doppler véritable s'arrête dès que le décalage vers le rouge est bien supérieur à 1, et que les galaxies s'éloignent à une vitesse apparente supérieure à celle de la lumière.

À quoi donc est dû le décalage vers le rouge, dans cette interprétation ? Tout simplement, la longueur d'onde de la lumière émise s'allonge aussi dans l'expansion, comme toutes les autres distances. Plus la lumière voyage, plus elle « rougit », c'est-à-dire que sa longueur d'onde s'étire dans l'expansion de l'Univers. Et donc le décalage vers le rouge des galaxies lointaines est d'autant plus grand.

Prenons une raie spectrale, qui est émise à la longueur d'onde de référence λ_0. Dans son voyage, la longueur d'onde du photon va s'étirer jusqu'à la longueur d'onde λ, à laquelle le photon est reçu par l'observateur. Celui-ci définit alors le décalage vers le rouge, z, comme la variation relative $(\lambda - \lambda_0)/\lambda_0$. Ce décalage vers le rouge est d'autant plus grand que l'émetteur est plus loin, et que l'expansion aura eu le temps de s'exercer lors du trajet. Le rapport des longueurs d'ondes est aussi égal au rapport des échelles caractéristiques de l'Univers entre les époques d'émission (t) et de réception (t_0, aujourd'hui), soit $\lambda/\lambda_0 = R(t_0)/R(t) = 1 + z$. Il est possible de voir comment le décalage vers le rouge va nous servir de repère des distances et des temps dans l'Univers. Ce décalage est intimement lié à la loi de l'expansion, qui est représentée par le facteur d'échelle sans dimension $R(t)$, qui par convention prend la valeur 0 lors du Big-Bang, et croît jusqu'à la valeur $R(t) = 1$ aujourd'hui.

Revenons maintenant à la définition de notre horizon visible. Comment va augmenter le nombre de galaxies comprises dans notre horizon, si les galaxies s'éloignent au fur et à mesure que notre horizon s'agrandit, par le seul fait de l'écoulement du temps depuis le Big-Bang ?

Quel est le mouvement qui va l'emporter : d'un côté notre horizon qui croît régulièrement avec le temps, de l'autre les galaxies qui s'éloignent de plus en plus et pourraient sortir de l'horizon ? Il n'est pas possible de répondre immédiatement à cette question, car la loi de l'expansion de l'Univers n'est pas monotone.

Pour savoir comment varie l'horizon, et combien de galaxies y entrent ou en sortent, il faut alors considérer en détail toute l'histoire de l'expansion, et le résultat dépend de la loi de variation avec le temps du facteur d'échelle $R(t)$. Dans pratiquement tous les modèles cosmologiques, l'expansion est d'abord très rapide au début avant de ralentir. Mais par la suite l'expansion dépend beaucoup du contenu de l'Univers.

Dans certains modèles d'Univers fini, où l'expansion ralentit et même s'inverse, il est possible que toutes les galaxies soient visibles, et qu'il n'y ait pas d'horizon.

Selon les observations actuelles, nous sommes plutôt dans un Univers où l'expansion s'accélère, mais la vitesse de l'horizon est tout de même plus rapide que l'expansion, et nous verrons de plus en plus de galaxies dans un avenir proche. Mais ce ne sera peut-être plus le cas dans un avenir très lointain.

PLUSIEURS DISTANCES VERS L'UNIVERS LOINTAIN

Il existe plusieurs façons de déterminer les distances des astres proches, soit en mesurant leur taille apparente (en connaissant leur taille intrinsèque), soit en mesurant leur luminosité apparente (en se référant pareillement à une luminosité propre standard). Toutes ces définitions reviennent au même, et donnent les mêmes résultats, dans l'Univers proche.

Mais dès que l'on s'en éloigne, typiquement pour des galaxies dont le décalage vers le rouge est supérieur à 1, toutes ces définitions ne sont plus équivalentes, et plusieurs distances peuvent être définies pour un même objet.

Deux de ces distances ont une importance essentielle pour l'observation des plus anciennes galaxies nées au début de l'Univers :

- la distance angulaire, fondée sur le fait que l'on voit un objet sous un angle de taille inversement proportionnelle à la distance ;
- la distance-luminosité basée sur le fait que la luminosité apparente est inversement proportionnelle au carré de la distance.

La théorie de la relativité générale prédit une distance-luminosité beaucoup plus grande que la distance angulaire (voir figure 1.2). Ainsi les galaxies de plus en plus lointaines selon leur décalage vers le rouge gardent une taille angulaire raisonnable, et tout à fait exploitable par les télescopes (de l'ordre de la seconde d'arc), alors qu'elles deviennent de moins en moins lumineuses, et difficiles à détecter. Le rapport entre ces deux distances est $(1 + z)^2$, et peut donc atteindre plus de 100 pour $z = 10$.

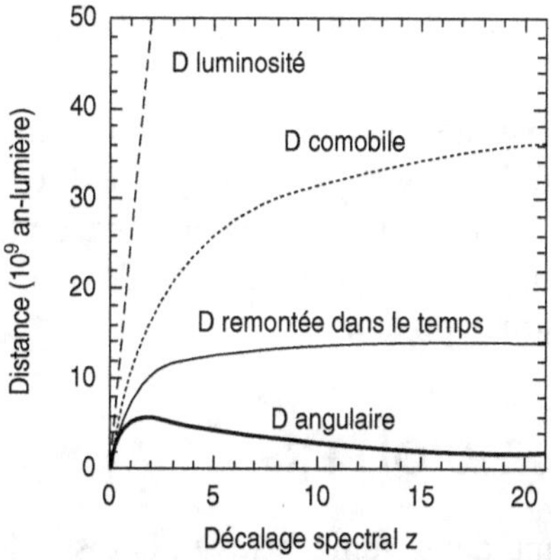

Figure 1.2 Variation de la distance-luminosité et de la distance angulaire en fonction du décalage vers le rouge

Contrairement à ce qui se passe pour l'Univers proche, il y a plusieurs définitions de la distance qui ne coïncident plus. La distance-luminosité est celle qui permet de passer de la luminosité intrinsèque d'un astre à sa luminosité apparente (qui décroît comme le carré de sa distance-luminosité). La distance angulaire permet de relier taille intrinsèque de l'astre et taille apparente (qui décroît comme sa distance-luminosité). Alors qu'un astre devient de moins en moins brillant avec le décalage vers le rouge, il ne décroît presque plus en taille. En quelque sorte, l'Univers joue le rôle de lentille gravitationnelle, et grossit les objets les plus éloignés.

Sont portées sur le même graphe : la distance comobile, qui corrige de l'expansion de l'Univers, et la distance de remontée dans le temps (13,9 milliards d'années jusqu'au Big-Bang, avec la constante de Hubble Ho = 70 km/s/Mpc, la quantité d'énergie noire Λ = 0,73 et la quantité de matière totale Ωm = 0,27 (cf. texte).

Pour essayer de soustraire l'effet mécanique dû à l'expansion dans la variation de la distance entre deux astres, on convient de parler de distance « comobile », pour se ramener à la distance existante entre ces deux astres aujourd'hui. Ainsi, si les deux objets ne s'effondrent pas l'un vers l'autre, mais ne font que s'éloigner par l'expansion, leur distance comobile est constante. La distance comobile, corrigée de l'expansion, est la distance angulaire multipliée par $(1 + z)$.

Il est aussi possible de définir la distance de remontée dans le temps, à partir de l'âge de l'Univers. Bien sûr, dans l'Univers proche ($z << 1$), toutes les distances sont équivalentes, c'est pourquoi le phénomène des distances multiples n'est pas intuitif.

Sur cette remarque, on s'aperçoit combien la détection des galaxies à grand décalage vers le rouge va être difficile, puisque leur luminosité va décroître comme le carré de la distance-luminosité, soit comme $(1 + z)^4$ fois le carré de la distance angulaire, qui elle est presque constante.

LE PARADOXE D'OLBERS

Il est intéressant de revenir brièvement sur le paradoxe que l'astronome allemand Olbers avait mis en évidence dans les années 1820 : pourquoi le ciel est-il noir la nuit ? Si l'Univers est infini, la lumière des galaxies devrait le rendre brillant.

Aujourd'hui il est facile de voir comment ce paradoxe est résolu : la combinaison de la vitesse finie de la lumière, et du caractère fini de l'Univers dans le temps, qui a commencé au Big-Bang il y a 13,7 milliards d'années, implique que nous ne voyons que les galaxies situées à l'intérieur de l'horizon. D'autre part, dans l'expansion, la lumière provenant des galaxies les plus lointaines est décalée vers le rouge, à des fréquences différentes de celles des galaxies proches. Ainsi, à chaque domaine de longueur d'onde (ou à chaque couleur), correspond une tranche finie d'Univers. Ainsi le ciel n'est pas brillant, car la lumière qu'on voit n'est jamais la somme d'un nombre infini de galaxies.

Si le ciel n'est pas extrêmement brillant dans aucune longueur d'onde, il est toutefois plus brillant dans certaines couleurs, et l'étude du fond de rayonnement de l'Univers est instructive dans tous les domaines de longueurs d'onde. Le fond le plus brillant est bien sûr dans le domaine millimétrique, où les photons vestiges du Big-Bang sont observés : ils correspondent à un rayonnement de corps noir à 2,7 degrés Kelvin (soit –270 degrés Celsius).

Les fluctuations initiales

Les premières structures (on entend ici par « structures » les ensembles de matière en cours de formation telles que galaxies, amas de galaxies, amas d'amas...) se sont condensées à partir de fluctuations de densités de matière et de rayonnement.

Or celles-ci sont maintenant beaucoup mieux connues, grâce aux observations du fond de rayonnement cosmologique micro-onde, qui est un rayonnement de corps noir fossile, vestige du Big-Bang.

En 2002, le satellite américain WMAP (*Wilkinson Microwave Astronomical Probe*) succédant au satellite de la NASA, COBE, et d'autres instruments au sol ou en ballon, a étudié à grande échelle les anisotropies du fond de rayonnement, avec une résolution spatiale bien meilleure que ces prédécesseurs.

Ce fond de rayonnement millimétrique domine le ciel dans ce domaine de fréquence (qui est aussi celui des fours micro-ondes de nos cuisines). Il est remarquablement homogène et isotrope, ce qui montre que l'Univers devait être homogène juste après le Big-Bang.

Pour étudier les faibles fluctuations primordiales de l'Univers, qui sont imprimées comme des rides sur ce fond par ailleurs homogène, les astronomes doivent soustraire d'abord plusieurs composantes d'amplitude plus forte. Tout d'abord une constante, qui correspond à la valeur du fond moyen, est soustraite. Apparaît alors tout de suite une composante dipolaire : un côté de la carte du ciel est bleu (plus froid) et l'autre côté est rouge (plus chaud). Cette composante est juste une manifestation de notre mouvement par rapport au fond de rayonnement, qui représente en quelque sorte le référentiel absolu de l'Univers. Notre galaxie est en effet en mouvement par rapport à l'ensemble des structures à grande échelle, avec une vitesse de l'ordre de 600 km/s dans la direction du Grand Attracteur (un amas de galaxies très massif), et nous détectons cet effet Doppler sur la fréquence reçue des photons. Une fois cette composante dipolaire soustraite, il faut aussi prendre en compte l'émission de notre propre galaxie dans ces longueurs d'onde, qui devient alors visible. Sa soustraction est rendue plus facile car sa signature spectrale n'est pas celle d'un corps noir, et sa distribution dans l'espace n'est pas homogène. Après toutes ces étapes, il est alors possible de mettre en évidence des petites fluctuations de température du fond cosmologique, de l'ordre de 1/100 000e.

Ce sont ces anisotropies qui nous renseignent sur la formation des structures.

Figure 1.3 Les anisotropies du fond cosmique micro-ondes

Dans cette carte est représenté tout le ciel observé par le satellite WMAP, dédié à l'observation du fond, dans les longueurs d'ondes millimétriques.

Les anisotropies sont observées sur la dernière surface de diffusion, 380 000 ans après le Big-Bang. Elles représentent des fluctuations très petites du fond, de l'ordre de 1/100 000.

Pour les voir, il a fallu d'abord soustraire le fond continu d'émission, qui au premier ordre est homogène et isotrope, puis le dipôle, qui correspond à notre mouvement par rapport au fond cosmique (ou repère absolu de l'Univers), enfin les avant-plans dus aux émissions de la Galaxie dans ces longueurs d'onde.

Les fluctuations sont les traces des rides primordiales qui vont donner naissance aux grandes structures de l'Univers, et aux galaxies. Elles se manifestent, à cette époque, par des variations de température dans une gamme de ± 200 microKelvin.

La figure 1.3 montre la carte de l'Univers de ces fluctuations. Ce que nous y voyons correspond à la dernière surface de diffusion des photons, qui survient environ 380 000 ans après le Big-Bang.

Au départ, l'Univers est très chaud et dominé par le rayonnement, la matière est ionisée, il s'agit d'un plasma de protons et d'électrons qui interagissent étroitement avec les photons et les diffusent : l'Univers est opaque.

Lorsque par expansion, l'Univers se refroidit jusqu'à la température de 3 000 degrés Kelvin environ, les protons et électrons se recombinent en atomes d'hydrogène, et l'Univers devient neutre. Les photons ne sont plus diffusés par les particules chargées, et se déplacent ensuite en ligne droite. L'Univers devient transparent.

En regardant aujourd'hui ce rayonnement, refroidi maintenant à la température de 2,7 degrés K, nous remontons jusqu'à cette surface opaque.

À cette époque, les fluctuations de densité auxquelles participent la matière et les photons ensemble sont stables ; elles ne s'effondrent pas sous l'effet de leur propre gravité et correspondent donc à des ondes qui se déplacent dans le milieu. On parle d'ondes sonores, car les photons et la matière participent à ces vibrations comme un gaz qui est traversé par le son.

Les échelles caractéristiques des maxima et des minima de ces oscillations nous renseignent sur la nature de la matière, et leur taille angulaire observée aujourd'hui sur la géométrie de l'Univers. Le mode fondamental des ondes correspond à la taille de l'horizon sonore à cette époque, qui est une dimension connue. La comparaison avec sa dimension apparente aujourd'hui, qui est de 1 degré d'arc dans le ciel, montre que les photons se sont déplacés en ligne droite et que l'Univers n'a pas de courbure, il est plat. Les autres modes d'oscillation ou harmoniques, leur position et leur amplitude, dépendent de la quantité de matière ordinaire (baryons) et matière exotique, et de leur degré de dissipation (amortissement...). L'étude de ces pics dans la distribution spatiale des fluctuations du rayonnement donne donc beaucoup de renseignements sur notre Univers.

Le développement des structures

Le principal moteur à l'origine de la formation de structures est la gravité, relayée par des instabilités qui vont faire s'effondrer les structures sous l'effet de leur propre gravité. Nous avons l'habitude de considérer que la formation des étoiles a son origine dans l'instabilité gravitationnelle. Celle-ci est en effet très efficace : dès qu'une masse de gaz a atteint une masse critique, la densité croît de façon exponentielle, le nuage s'effondre, et en un temps de chute libre ou presque, l'étoile est née.

Rien ne se passe aussi facilement pour les structures de l'Univers, car l'expansion compense l'autogravité, tant que la structure n'est pas gravitationnellement liée.

Il est d'usage de définir le référentiel comobile, qui s'affranchit de l'expansion : dans ce repère, toutes les longueurs et les distances sont mesurées par rapport à un « mètre » qui s'étire comme l'expansion. La taille de ce « mètre » vaut 1 aujourd'hui et 0 lors du Big-Bang, c'est la taille caractéristique $R(t)$ sans dimension, définie plus haut.

Il est possible de montrer que dans ce référentiel comobile, les fluctuations de densité croissent linéairement (et non exponentiellement), et leur taux de croissance est proportionnel au taux d'expansion. Cette phase de croissance lente se produit tant que le contraste de densité de la fluctuation est faible relativement à la densité moyenne.

Dès que la densité à l'intérieur de la fluctuation devient deux fois supérieure à la densité moyenne, l'évolution devient non linéaire, et l'effondrement peut avoir lieu.

Nous pouvons alors considérer cette petite région d'Univers comme découplée de l'expansion. La taille de cette « structure » en devenir est encore un moment en expansion, plus lente que celle de l'Univers, puis atteint un rayon maximum, avant de se contracter, et de rebondir en des oscillations très amorties (voir figure 1.4). Le rayon maximal de la structure est deux fois son rayon d'équilibre. L'évolution de cette structure est similaire à la condensation de l'Univers lui-même, qui aurait la densité critique pour s'effondrer sur lui-même.

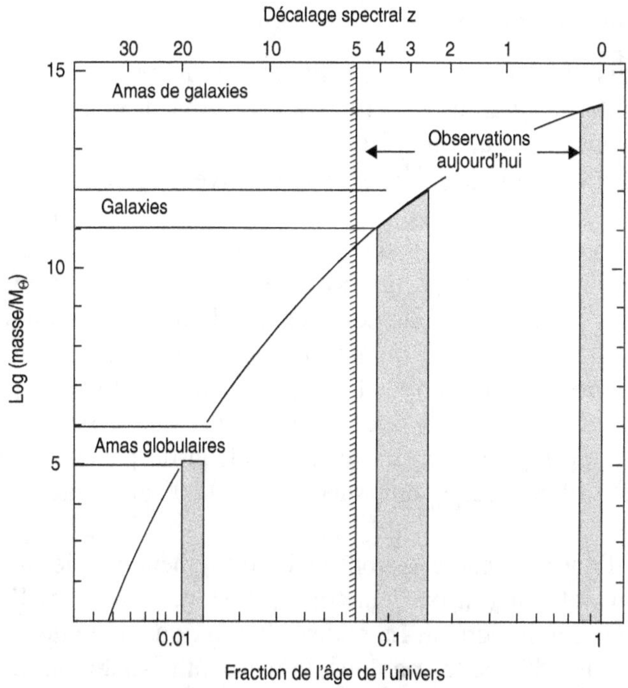

Figure 1.4 Histoire de formation des structures dans l'Univers

Les structures de petite taille se forment en premier, les plus grandes structures en dernier. Juste après la recombinaison de l'Univers, les premières structures à s'effondrer sous leur propre gravité sont de la taille d'amas globulaires (un million de masses solaires).

Puis les petites structures fusionnent pour en donner de plus grosses, selon le scénario de formation hiérarchique.

Des galaxies de plus en plus massives se forment, puis des groupes de galaxies, qui coalescent pour former des amas de galaxies.

Les structures plus grosses se forment plus tard, les amas de galaxies essentiellement à $z = 1$, ou même aujourd'hui pour les plus massifs. Enfin les superamas commencent à se former aujourd'hui et leur formation va se poursuivre dans l'avenir immédiat.

La formation des galaxies requiert l'existence d'une matière peu ordinaire

La croissance des structures est tellement lente que l'on peut se demander si l'âge de l'Univers a été suffisant pour former les galaxies visibles aujourd'hui.

Imaginons que la matière dans l'Univers ne soit formée que de matière baryonique, c'est-à-dire de protons, de neutrons et de tous les atomes que l'on peut former avec. Au début de l'Univers, cette matière est ionisée, et les particules chargées sont très étroitement couplées avec les photons, par l'interaction électromagnétique. De même que les photons ne peuvent pas s'effondrer en structures, la matière ne s'effondrera pas, et suivra les photons. Les fluctuations de densité ne peuvent alors pas se développer avant la recombinaison du plasma initial en atomes d'hydrogène, qui survient 380 000 ans après le Big Bang.

En d'autres termes, les ions sont étroitement couplés avec les photons, et ceux-ci, par leur forte pression, empêchent l'effondrement gravitationnel. La matière baryonique doit attendre son découplage d'avec les photons, la recombinaison, pour entamer son effondrement.

Quand survient cette recombinaison ?

Les atomes d'hydrogène se recombinent à une température de 3 000 degrés K environ. La question revient donc à savoir quand la température de l'Univers était de 3 000 K. Juste après le Big-Bang, la température du rayonnement dépasse les millions de degrés, puis l'Univers se refroidit progressivement par expansion, jusqu'à atteindre la température du corps noir cosmologique mesurée aujourd'hui au niveau de 3 degrés K. De même que le fer chauffé à blanc émet une lumière de longueur d'onde plus courte que le fer chauffé au rouge, soit à une température plus faible, la température d'un corps noir est inversement proportionnelle à la longueur d'onde caractéristique qu'il émet. Par définition du décalage vers le rouge, la longueur d'onde croît comme l'inverse de $(1 + z)$. Parallèlement, la température de l'Univers décroît comme $T_0(1 + z)$, qui est la température du corps noir cosmologique aujourd'hui, quand $z = 0$.

Comme la température T_0 aujourd'hui est de l'ordre de 3 K, la recombinaison correspond à un décalage vers le rouge z de 1 000 environ.

Ce facteur 1 000 est aussi le facteur d'expansion de l'Univers depuis la recombinaison, puisqu'il est rigoureusement égal au facteur de décalage vers le rouge.

Nous voici donc devant le problème de croissance des structures : leur amplitude ne peut croître que d'un facteur 1 000 depuis la recombinaison. Or ce que l'on mesure avec WMAP et d'autres expériences sur le fond cosmologique lors de la recombinaison indique plutôt des amplitudes 100 fois inférieures, de l'ordre de 1/100 000e. Pour que l'amplitude des contrastes de densité devienne de l'ordre de l'unité, et que les structures puissent se découpler de l'expansion et former des galaxies, il manque un facteur 100 de croissance ! Nous devons en conclure que la matière ordinaire, baryonique, ne suffit pas !

Il faut certainement une autre sorte de matière plus exotique, non-baryonique, dont les particules n'interagissent pas avec les photons. Les fluctuations de cette matière peuvent alors commencer leur croissance bien avant la recombinaison de la matière ordinaire, et atteindre aujourd'hui l'amplitude recherchée, de l'ordre de l'unité. Les fluctuations de cette matière hypothétique, qui ne rayonne pas et qui est donc appelée matière noire, vont commencer à croître dès que l'influence gravitationnelle des photons deviendra négligeable sur cette matière, et cela se produit lorsque les densités de photons et de matière deviennent équivalentes.

En effet la densité de matière dans l'expansion varie comme $1/R^3$, ou R est la taille caractéristique de l'Univers. La densité d'énergie des photons, elle, décroît plus vite, comme $1/R^4$, car l'énergie de chaque photon (proportionnelle à sa fréquence ν, ou inversement proportionnelle à sa longueur d'onde λ) décroît avec l'expansion : la longueur d'onde est décalée vers le rouge comme $1/R$, et le nombre de photons décroît comme $1/R^3$.

Même si les photons dominent initialement, la matière va donc prendre le dessus, dès que le décalage vers le rouge sera 10 à 100 fois plus grand que celui de la recombinaison. C'est à partir de cette date d'équivalence matière/rayonnement que les fluctuations de matière noire vont croître, et auront déjà formé des puits de potentiel gravitationnel dans lequel les baryons vont s'effondrer à la recombinaison, et pourront ainsi rattraper leur retard. On peut ainsi dire que les galaxies, du moins les embryons de galaxies se sont bien formées avant les étoiles qui vont ensuite s'allumer dans ces puits de potentiel après la recombinaison.

Mais comment s'effondrent les structures de différentes tailles ?

Il existe toutes sortes de structures de tailles différentes, bien sûr, et souvent emboîtées, de façon que les futures galaxies soient incluses dans les futurs amas de galaxies, etc. La distribution de l'amplitude des fluctuations en fonction de leur taille, appelée encore le spectre des fluctuations, dépend de la théorie supposée à l'origine des fluctuations primordiales. Mais cette théorie est encore mal connue. Aujourd'hui une phase d'inflation de l'Univers apparaît nécessaire, mais il existe plusieurs théories d'inflation. Toutes ces théories prévoient un spectre de taille de fluctuations qui ne possède pas d'échelle caractéristique, étant donné que la loi de la gravité n'a pas d'échelle préférentielle.

La distribution des amplitudes qui est privilégiée aujourd'hui est celle où les fluctuations entrent toutes dans l'horizon avec une amplitude indépendante de la taille (égale à 3/100 000 en intensité relative). Avant l'époque de l'équivalence matière/rayonnement, les fluctuations ne peuvent croître que si elles sont plus grandes que l'horizon. Lorsque l'horizon les rattrape, l'influence des photons et de leur pression empêche toute croissance. Ce phénomène brise la similarité des diverses échelles, en privilégiant les grandes.

À la recombinaison, les premières structures à devenir gravitationnellement instables, sont celles juste supérieures à la masse critique, qui est de un million de masses solaires. Ce sont en gros l'équivalent d'amas globulaires d'étoiles aujourd'hui, ou de toutes petites galaxies naines. Puis peu à peu des structures de plus en plus grandes vont devenir instables et se découpler de l'expansion, comme le montre la figure 1.5. Les structures plus massives peuvent être considérées comme formées par fusion des structures plus petites incluses dans leur volume. C'est la théorie hiérarchique de formation des structures. Mais bien sûr l'existence des amas de galaxies est en quelque sorte définie déjà avant même l'effondrement des structures plus petites, puisque les fluctuations sont toutes en place initialement.

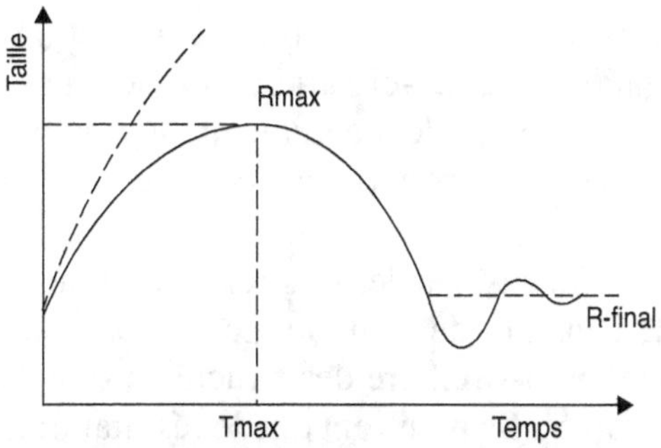

Figure 1.5 Lorsqu'une structure se forme, elle doit d'abord se découpler de l'expansion

Ici est représenté le rayon entourant une masse M fixée, qui va devenir une structure distincte. Le temps s'écoule vers la droite. La masse continue d'abord son expansion (trait plein), avec un taux qui ralentit par rapport au taux moyen de l'expansion de l'Univers (trait pointillé). La densité relative est de plus en plus élevée par rapport au reste de l'Univers. Arrive un moment (*T*max) ou la densité atteint la densité critique qui permet l'effondrement sur elle-même de la structure. Le mouvement d'expansion s'inverse alors, jusqu'à ce que la structure atteigne l'équilibre du viriel, où l'énergie cinétique équilibre l'énergie potentielle. En s'effondrant, les vitesses d'agitation sont plus élevées, jusqu'à ce que la « pression » équivalente compense les forces de gravité. On obtient alors une structure stable de façon séculaire, au rayon R-final.

La formation hiérarchique est un mécanisme essentiel dans la croissance et la formation des galaxies. Les simulations numériques d'un ensemble d'Univers, débutant avec des conditions initiales cosmologiques, reflétant les fluctuations attendues après la recombinaison, montrent comment des petites structures se forment dans les filaments cosmiques, et fusionnent les unes avec les autres. Ces fusions successives peuvent être reproduites très simplement par un calcul analytique, si l'on ne considère que la matière noire non-baryonique, qui n'est soumise qu'aux forces de gravité.

En effet, nous allons nous servir du fait que la force de gravité a le même comportement à toute échelle, qu'il n'existe pas d'échelle préférentielle. Nous avons alors une symétrie d'échelle en quelque sorte, on s'attend à ce que la distribution en masse des galaxies suive une loi de puissance indépendante d'échelle, auto-similaire. Et c'est bien ce qui est observé dans le spectre des galaxies : celui-ci varie en loi de puissance, jusqu'à une borne maximale, au-delà de laquelle le nombre de galaxies s'éteint de façon exponentielle, comme par une brusque coupure.

Il y a environ 30 ans, les deux astronomes américains Press et Schechter, de l'Institut de technologie californien, ont étudié le développement auto-similaire des structures sous l'influence de fusions successives. Ils montrent que le résultat final dépend peu des conditions initiales : après plusieurs étapes successives de fusion, un équilibre auto-similaire s'établit, ou le nombre de fusions de galaxies qui fait rentrer la masse dans une catégorie M égale le nombre de fusions qui font monter les galaxies M à la catégorie supérieure M + dm. Ainsi ce spectre de masse est défini de façon Universelle. Le succès de cette approche fut considérable.

L'ÉVOLUTION DES GALAXIES : REPORTAGE EN DIRECT

Le télescope spatial Hubble a permis une énorme avancée dans la détection et l'identification des objets très lointains, grâce à sa résolution aussi précise que 0,1 seconde d'arc dans le domaine visible. Cela a permis de réaliser des images des galaxies lointaines. Pour les grands télescopes au sol, en effet, le gros problème est la présence de l'atmosphère de la Terre, qui brouille les images par sa turbulence, et les mouvements incessants des masses d'air entre les astres et le télescope. Cette diffraction et réfraction des rayons lumineux par les masses d'air plus ou moins chaudes, plus ou moins denses, avec des indices de réfraction différents, étale la tâche de diffraction du télescope sur une taille d'une seconde d'arc typiquement (si ce n'est pire). Non seulement il est alors impossible de voir des détails de l'image à des échelles plus petites, mais aussi la détection des objets lointains devient beaucoup plus difficile, car leur lumière est étalée sur une grande surface, au lieu d'être concentrée en un point de l'image.

Figure 1.6 Détection de milliers de galaxies lointaines par imagerie de très longue pose

Image en vraies couleurs du champ profond HDF-N observé par le télescope spatial Hubble, dans l'hémisphère Nord. Cette région du ciel a été observée en 1996 pendant 10 jours de pose, et correspond à la somme de 342 images séparées.

Bien que la région du ciel ne fasse que 150 secondes d'arc de long, on peut identifier plus de 3 000 galaxies, grâce à la grande sensibilité et la qualité de l'image (0,1 seconde d'arc de résolution).

Cette image, observée sur « le temps de directeur » de l'institut spatial (qui était Robert Williams à cette époque), a été rendue publique dès son obtention, afin de concentrer toutes les recherches spectroscopiques au sol dans cette région, choisie car libre de pollution par des objets d'avant-plan venant de notre propre Galaxie.

Bien que le télescope Hubble n'ait que 2 m de diamètre, il a pu ainsi détecter un nombre de galaxies bien supérieur à tout ce qui avait été fait auparavant depuis le sol. Il suffit de regarder les images des champs « profonds » de la figure 1.6 : le champ de vue n'est pourtant pas très grand, à peine quelques minutes carrées, mais le nombre de galaxies détectées bat des records : 3 000 galaxies, la plupart très lointaines !

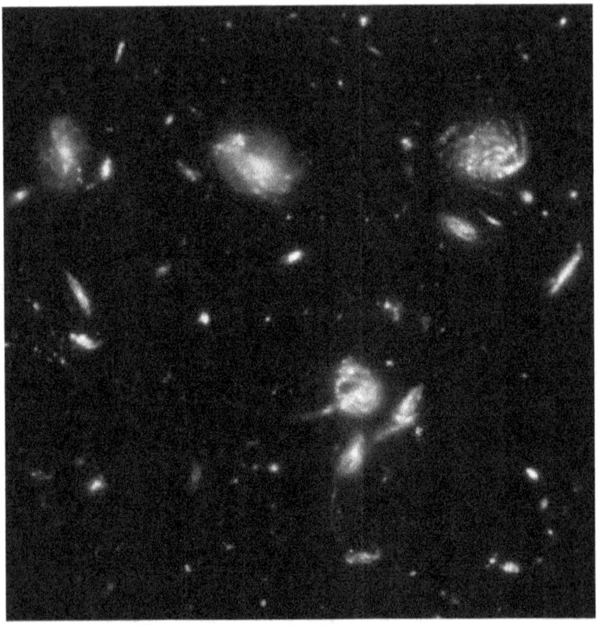

Figure 1.7 Détail (taille 30 secondes d'arc) du champ ultra-profond effectué dans une région du ciel vide d'objets proches dans l'hémisphère sud (HUDF) avec la nouvelle caméra du télescope spatial en 2004

La taille totale du champ profond est de 3 minutes d'arc, et contient environ 10 000 galaxies. La région a été observée pendant une pose d'un million de secondes (soit 10 jours). Plusieurs filtres ont été combinés pour construire cette image en vraies couleurs.

Comme on peut le voir sur la figure 1.7, qui montre des détails de ce même champ du ciel, les galaxies très lointaines apparaissent très irrégulières, certains objets sont des assemblages de grumeaux, qui sont peut-être les « briques de base » qui vont former des galaxies. Dans cette figure par exemple, il y a 18 gros amas d'étoiles, si proches les uns des autres qu'ils vont sans doute fusionner dans un avenir proche, en une centaine de millions d'années. Ils nous démontrent peut-être la façon dont se forment les galaxies. Il est très difficile de « voir » une galaxie en formation, car contrairement à la formation d'une étoile, celle d'une galaxie n'est pas instantanée, c'est une succession d'événements qui s'étalent sur des milliards d'années.

Les « briques de base » observées par Hubble, ont un décalage vers le rouge si grand qu'il correspond à l'époque où l'Univers était âgé d'un milliard d'années seulement, soit 7 % de son âge actuel. La taille de ces objets est bien inférieure à la taille d'une galaxie, tout au plus égale à la taille d'un petit bulbe galactique : cela ne représente que 10 % du diamètre du disque de la Voie Lactée.

La couleur dominante des galaxies est aussi différente en fonction du décalage spectral, ce qui montre une forte évolution temporelle du taux de formation d'étoiles. Lorsque les galaxies forment une grande quantité d'étoiles jeunes, leur couleur devient très bleue, sauf si ces étoiles sont obscurcies et rougies par la poussière.

Comment détermine-t-on le décalage vers le rouge de ces galaxies lointaines ?

La quantité de lumière émise est trop faible pour que le télescope Hubble fasse un spectre de ces objets. Il faut alors recourir à des plus grands télescopes au sol, de 10 m de diamètre, mais la plupart du temps les objets sont trop petits et trop faibles.

La méthode « photométrique » est alors utilisée. Elle n'est qu'approchée, et consiste à se servir de la forme caractéristique de la distribution d'énergie en fonction de la longueur d'onde pour une galaxie donnée. Cette distribution n'est pas plate, mais révèle des accidents, des bosses et des creux, des sauts, qui permettent d'identifier la longueur d'onde d'émission. Par comparaison avec la longueur d'onde de réception, le décalage vers le rouge, et donc la distance de la galaxie, peut-être déterminée. Un des sauts les plus caractéristiques dans le spectre d'une galaxie est le saut de Lyman : il correspond à la limite d'ionisation de l'atome d'hydrogène (912 Angström). Les photons plus énergétiques (de longueur d'onde plus bleue) pourront ioniser l'atome H, par contre au-dessous de ce seuil, l'atome restera neutre. Les atomes d'hydrogène sont les plus abondants dans l'Univers, et plus une galaxie est lointaine, plus il y a d'atomes d'hydrogène sur la ligne de visée entre nous et la galaxie. Alors tous ces atomes d'hydrogène sur cette ligne de visée, qu'ils appartiennent à une galaxie ou seulement à un filament cosmique), vont absorber les photons d'énergie supérieure (mais pas inférieure). Le saut de Lyman sert de critère pour identifier certaines galaxies lointaines, appelées « *Lyman Break Galaxies* », galaxies à coupure-Lyman. Plus généralement, les sauts arrivent de plus en plus proches du domaine infrarouge ou visible, pour des galaxies de plus en plus lointaines. Il existe aussi un saut caractéristique à 4 000 Angström, dû à plusieurs raies dans l'atmosphère des étoiles vieilles, qui permet certaines identifications. Lorsque la photométrie comprend un grand nombre de mesures, dans un grand nombre de filtres couleur, l'identification en est plus facile et plus sûre (voir figure 1.8).

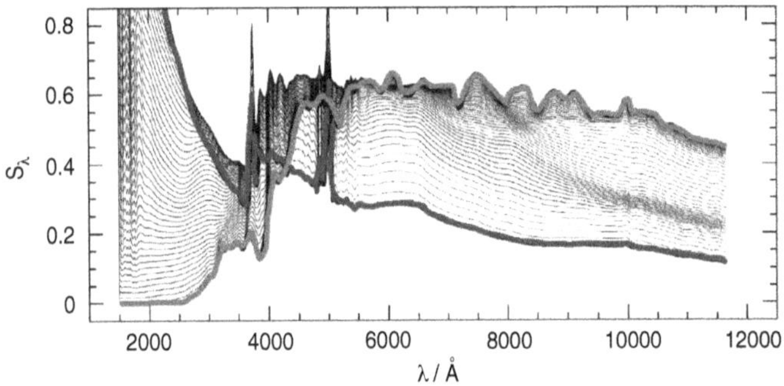

Figure 1.8 Distribution d'énergie pour toute une gamme de galaxies

Chaque courbe est le flux total d'une galaxie en fonction de la longueur d'onde en Angström (de l'ultraviolet à gauche à l'infrarouge vers la droite).

Les courbes colorées en rouge et bleu montrent la distribution d'énergie extrême d'une galaxie rouge ou bleue respectivement (d'après Csabai *et al.* 2003).

QUE DE GALAXIES BLEUES, À GRAND DÉCALAGE SPECTRAL !

Les premiers astronomes qui se sont penchés sur les comptages de galaxies dans les champs profonds du télescope spatial Hubble, ont été surpris : les galaxies bleues et irrégulières sont relativement 10 fois plus nombreuses, ce qui suggère une forte évolution temporelle. Par contre, les galaxies considérées aujourd'hui comme évoluées : galaxies elliptiques de forte masse, galaxies lenticulaires, où le gaz est déficient et la formation d'étoiles très faible, n'ont pas l'air de subir d'évolution, comme si elles étaient en place très tôt dans l'Univers (figure 1.9).

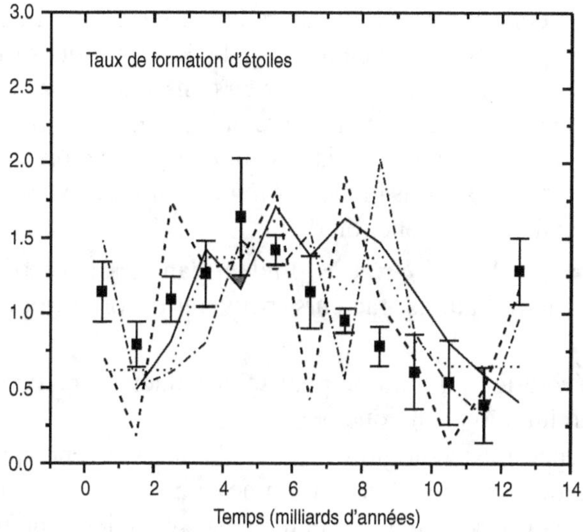

Figure 1.9 Évolution du taux de formation d'étoiles (en masse solaire/an) dans le disque de notre Galaxie, la Voie Lactée, normalisé au taux moyen, déterminé par diverses méthodes

Contrairement à la loi exponentiellement décroissante qui serait attendue si la Galaxie consommait progressivement son gaz présent dès le début, la formation d'étoiles se poursuit de façon plus constante, ralentit modérément dans les derniers milliards d'années, pour repartir à la hausse récemment. Ce taux de formation d'étoiles sans cesse renouvelé implique une accrétion de gaz presque continue (d'après Rocha-Pinto et Maciel 1997).

Ces comptages ont pu être menés à bien très vite, car ils ne prennent pas en compte les distances (les décalages spectraux) ; il s'agit uniquement du nombre de galaxies en fonction de leur luminosité et de leur type morphologique (spirales ou elliptiques notamment).

Un certain nombre d'interprétations ont alors vu le jour :

- Cet excès de galaxies bleues et de faible luminosité apparente pouvait être dû à un grand nombre de galaxies naines dans un passé proche. Mais une fois les décalages vers le rouge obtenus, cette interprétation ne tient plus la route.
- N'était-ce pas plutôt le signe d'un plus grand nombre de fusions antérieures entre galaxies, sachant que les interactions favorisent la formation d'étoiles et donc seraient à l'origine des couleurs bleues ? Mais alors les restes de ces fusions de galaxies, qui correspondent aux galaxies elliptiques ou lenticulaires, devraient aussi évoluer en conséquence, ce que l'on ne voit pas. Il y a bien un nombre plus grand d'interactions de galaxies dans le passé, mais il semble évoluer moins vite que le nombre de galaxies bleues, comme le montre le taux de paires de galaxies en fonction de z.

Il convient donc d'être très prudent dans les interprétations, d'autant que d'autres facteurs peuvent encore brouiller les pistes :

- Une évolution en nombre peut se confondre avec une évolution en luminosité uniquement.
- Les types morphologiques des galaxies peuvent apparaître anormalement irréguliers car on ne voit pas les galaxies lointaines dans les mêmes couleurs que les galaxies contemporaines lorsque l'on remonte le temps. C'est un effet de l'expansion de l'Univers, et de l'allongement des longueurs d'onde dans le trajet de la lumière. En particulier, une image observée dans le visible révèle en fait la morphologie des galaxies dans l'ultraviolet, longueur d'onde d'émission. Cette longueur d'onde a tendance à favoriser les sites irréguliers de formation d'étoiles jeunes aux dépens des vieilles étoiles, qui constituent pourtant l'essentiel de la masse.

UNE SURPRENANTE INVERSION D'ÉCHELLE

Une des caractéristiques importantes de l'évolution des galaxies est leur apparente inversion temporelle des échelles : de nombreuses observations montrent que les galaxies géantes ont terminé leur évolution assez tôt dans la vie de l'Univers, en tout cas pendant la première moitié, alors que l'évolution des galaxies plus petites et des galaxies naines est plus tardive.

Cette observation serait-elle contraire aux prédictions de la théorie dite de « formation hiérarchique » ? *A priori*, on pourrait en effet s'attendre à ce que, les grosses galaxies se formant par fusion de plus petites, ce soit l'ordre inverse qui soit respecté.

Quand on y regarde de plus près, ce n'est pas si simple. La théorie de formation hiérarchique, s'applique en tout premier lieu à l'essentiel de la matière, c'est-à-dire à la matière noire non-baryonique des galaxies et des grandes structures. En ce qui concerne cette matière, rien ne prouve que les structures les plus grandes ne sont pas formées plus tard, à partir de la fusion de structures plus petites. Au contraire, on sait que les amas de galaxies sont plus « jeunes » que les groupes et que les galaxies, et que les superamas de galaxies ne se forment qu'aujourd'hui.

Ces grandes structures peuvent fusionner sans que les galaxies qui les composent ne fusionnent. Indirectement, les observations des amas de galaxies montrent que les halos de matière noire des galaxies ont fusionné dans un halo commun, alors que les galaxies en tant que structures baryoniques restent distinctes. Les traceurs de la matière noire dans les amas sont les rayons X d'une part, qui révèlent le gaz chaud en équilibre hydrodynamique dans le puits de potentiel de l'amas, et les lentilles gravitationnelles, qui permettent de retracer en projection les lignes de champ gravitationnel total.

Il semble donc que la formation hiérarchique s'applique bien aux halos de matière noire. Mais que se passe-t-il pour la matière ordinaire, les baryons ? Les phénomènes sont ici beaucoup plus complexes, et dans une grande partie mal connus.

On peut ainsi imaginer que le gaz qui va former les étoiles peut traverser diverses phases, très chaudes ou très froides, et que sa perte d'énergie et de moment angulaire, nécessaire pour la formation et l'évolution d'une galaxie, dépend de nombreux facteurs imbriqués.

Il est possible que la première formation d'étoiles chauffe tellement le gaz qu'elle empêche ensuite sa condensation et la formation de nouvelles étoiles. Le gaz peut même être complètement éjecté de la galaxie, si son puits de potentiel n'est pas assez profond, comme c'est le cas pour les galaxies naines.

D'autre part, l'environnement d'une galaxie a une grande influence sur son évolution : les interactions avec les voisines peuvent favoriser la formation d'étoiles, ou l'inhiber si elles sont trop rapides. Dans les groupes et amas de galaxies, le gaz peut être chauffé par les interactions, et se stabiliser dans le milieu intra-amas entre les galaxies sous forme de gaz très chaud, émettant des rayons X. Les mouvements des galaxies dans ce milieu font naître un vent extragalactique qui balaye leur gaz interstellaire, et la formation d'étoiles est stoppée. Les galaxies ne sont plus alimentées en gaz froid et n'évoluent plus, ce qui pourrait expliquer le peu d'évolution observé pour les galaxies massives, elliptiques ou lenticulaires, alors que la formation d'étoiles peut encore se développer aujourd'hui dans les naines. Cela ne veut pas dire que les grosses galaxies ne se sont pas formées à partir de la fusion de galaxies plus petites, antérieures dans l'Univers…

Les astronomes, archéologues des galaxies

De tout temps, les astronomes ont cherché à reconstituer l'histoire de la formation de notre Galaxie à partir des diverses populations d'étoiles qui la composent. On distingue essentiellement deux catégories : les étoiles de population jeune dans le disque et les étoiles de population vieille dans le halo. Les diverses populations se distinguent non seulement par leur âge, mais aussi par leur composition chimique, leur distribution spatiale et leur cinématique.

Dans notre Galaxie, et maintenant, grâce au télescope spatial, dans les galaxies voisines du Groupe Local, il est possible d'étudier les étoiles une par une. Ainsi leur spectre nous renseigne sur leur âge et leurs abondances chimiques. L'abondance est un traceur de la métallicité du gaz qui a formé l'étoile. Ce dernier provenait de la nucléosynthèse des étoiles précédentes, qui ont rejeté leur gaz à la fin de leur vie dans le milieu interstellaire. L'abondance du gaz peut aussi être diluée par des événements d'accrétion de gaz extérieur à la galaxie, peu enrichi en éléments lourds.

Dans les galaxies plus lointaines, les étoiles ne peuvent pas être vues séparément, et ce genre d'étude doit se faire sur des quantités moyennées sur la ligne de visée, qui peut comprendre plusieurs populations d'étoiles. Il faut alors faire une synthèse de populations stellaires et comparer le résultat aux observations. Le problème est souvent délicat, car la solution n'est pas unique, et il est difficile de distinguer la bonne solution, parmi un certain nombre de possibilités.

Par ces moyens « archéologiques », il a été possible de retracer l'histoire de la formation d'étoiles dans notre Galaxie. Notamment, on s'est aperçu que le taux de formation d'étoiles était resté remarquablement constant au cours du temps, sur des milliards d'années, mises à part quelques fluctuations locales.

Cela ne correspond pas du tout aux prédictions que l'on pourrait faire pour une galaxie isolée, pour laquelle le gaz, et par suite le taux de formation d'étoiles, doit décroître exponentiellement avec le temps, sur une durée typique de 3 milliards d'années. La Galaxie a dû recevoir du gaz de l'extérieur, à un taux très soutenu, tout au long de son évolution. Ce fait est aussi corroboré par l'observation des abondances des éléments. En particulier la relation entre âge et métallicité, l'abondance relative du fer et de l'oxygène, nous montrent que l'apport de gaz peu enrichi sur la Galaxie est nécessaire.

L'observation, avec le télescope spatial, de grand nombre d'étoiles et de leur diagramme couleur-magnitude a permis de tracer l'histoire de formation d'étoiles dans les galaxies proches du Groupe Local. La figure 1.10 montre plusieurs de ces « histoires ». Pour ces galaxies les étoiles sont identifiées individuellement, et portées sur un diagramme qui parvient à séparer les différentes populations, grâce à leur couleur et leur luminosité apparente. Pour notre galaxie voisine, Andromède, les populations d'étoiles varient énormément en fonction de la région observée, ce qui est révélateur du passé récent très violent et chahuté de cette galaxie géante.

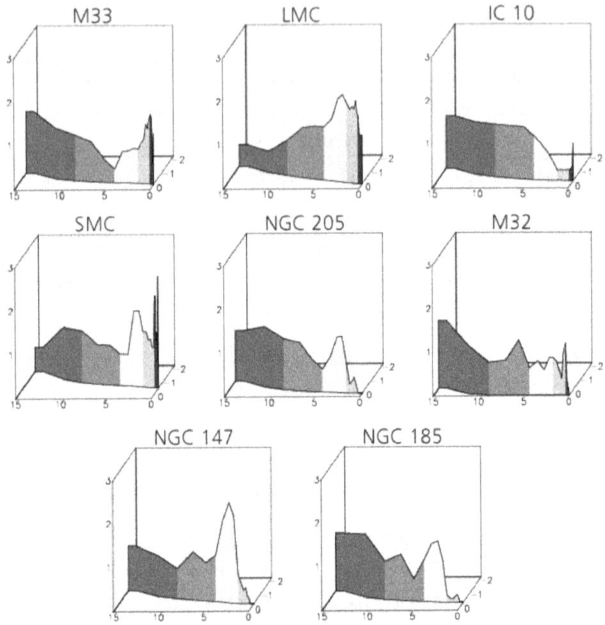

Figure 1.10 Histoire de la formation d'étoiles dans quelques galaxies du Groupe Local

Chaque diagramme correspond à une galaxie, dont le nom est indiqué au-dessus.

L'axe vertical représente le taux de formation d'étoiles, normalisé au taux moyen (comme dans la figure précédente), et l'axe horizontal représente le temps de remontée dans le passé par rapport à aujourd'hui ($t = 0$, à droite). Le troisième axe, en profondeur, représente la métallicité des étoiles correspondantes (par rapport au Soleil).

Les couleurs représentent les types d'étoiles (étoiles vieilles en rouge à gauche, étoiles jeunes bleues à droite), leur métallicité augmente avec le temps. En effet, les éléments lourds sont formés par nucléosynthèse dans les étoiles, qui tout au long de leur vie rejettent du gaz enrichi dans le milieu interstellaire. Les nouvelles étoiles qui se forment dans ce milieu auront une métallicité plus grande (seule l'accrétion de gaz extérieur peu abondant peut diluer l'abondance en éléments lourds).

La première rangée en haut représente des galaxies spirales ou naines, possédant encore du gaz aujourd'hui, la deuxième rangée représente des galaxies de type elliptique, dont la fraction de gaz est plus faible, et dont le taux de formation s'épuise.

Noter que dans tous les cas, la formation d'étoiles n'est pas une fonction du temps exponentiellement décroissante (d'après Dolphin *et al.* 2005).

D'où viennent les halos stellaires ?

Dans les années 1960, la théorie proposée pour expliquer la formation de notre Galaxie et de son halo d'étoiles vieilles était l'effondrement monolithique (en une seule fois) d'un volume de gaz plus ou moins sphérique. Les étoiles se formant progressivement pendant l'effondrement, les premières apparaissaient dans une structure encore sphérique, qui ensuite devenait le halo de vieilles étoiles. Le gaz s'aplatissant de plus en plus, avec une vitesse de rotation de plus ne plus grande pour conserver le moment angulaire, allait former le disque dans lequel se forment les étoiles jeunes.

Ce scénario est aujourd'hui battu en brèche pour plusieurs raisons.

D'une part, le problème du taux de formation constant dans notre Galaxie montre que celle-ci n'est pas un système fermé, mais que le gaz continue à tomber et à former le disque encore aujourd'hui.

D'autre part, le halo d'étoiles vieilles est constitué de plusieurs ensembles différents de par leur cinématique et leur distribution spatiale, qui ressemblent à des courants de marée, provenant de petites galaxies compagnes détruites.

Il se pourrait alors que le halo d'étoiles se soit entièrement formé après le reste de la Galaxie, par la chute de débris de galaxies compagnes, qui orbitent comme des satellites autour de la Voie Lactée. Les galaxies satellites ayant interagi le plus récemment sont la naine du Sagittaire, et la naine du Grand Chien, découvertes dans la dernière décennie, par les courants cohérents d'étoiles qu'elles forment dans le halo. Ces courants s'étalent sur toutes les longitudes galactiques, et peuvent être reproduits dans les simulations numériques : on constate que les forces de marée de notre Galaxie déchirent les satellites, dès qu'ils arrivent à proximité.

Notre Galaxie n'a pas eu d'interactions violentes avec d'autres galaxies géantes dans les derniers milliards d'années ; si c'était le cas, cela se verrait dans le taux de formation d'étoiles, la distribution des âges, et les perturbations spatiales dues aux marées.

En revanche, la galaxie d'Andromède a connu récemment un destin plus violent. Des images profondes et à grand champ de cette galaxie montrent des traînées de marée, des boucles et des perturbations caractéristiques d'une fusion récente avec une galaxie relativement massive. Ces ajouts de matière agrandissent le disque apparent de la galaxie sur le ciel, comme le montre la figure 1.11.

Figure 1.11 Image de notre voisine la galaxie spirale d'Andromède, telle que l'on n'a pas l'habitude de la voir

Le disque optique généralement représenté correspond à la partie rouge interne.

L'intégration avec des poses profondes montre que le disque est quatre fois plus étendu, et révèle des perturbations de marée, des boucles et extensions, qui suggèrent qu'un ou plusieurs compagnons ont récemment fusionné avec Andromède (d'après Ibata *et al.* 2001).

On s'est même demandé si la structure très particulière du disque d'Andromède, où la structure spirale apparaît masquée et dominée par un grand anneau de gaz, poussières et étoiles jeunes, provenait du passage au travers du disque de la galaxie compagne Messier 32, aujourd'hui galaxie elliptique compacte à la morphologie non commune. La collision de plein fouet avec M32 produirait des ondes de densité en forme d'anneau se propageant du centre vers l'extérieur du disque d'Andromède, un peu comme le jet d'une pierre dans un étang produit des rides circulaires qui se propagent sur la surface de l'eau. Dans cette collision, la plus petite galaxie M32, peut-être galaxie spirale au départ, aurait été épluchée de son disque et n'aurait gardé que le bulbe, se transformant en elliptique compacte.

Comme on le voit, les galaxies se forment et évoluent tout au long de l'âge de l'Univers ; certaines se forment encore aujourd'hui, ou continuent à évoluer.

Leur destin est très variable :

- Certaines se forment très tôt et très rapidement, puis évoluent passivement, leurs étoiles vieillissant doucement, sans qu'il s'en forme de nouvelles.
- D'autres galaxies ont encore aujourd'hui des sursauts de formation d'étoiles ; ce sont en général les moins lumineuses et les moins massives.

Peut-on comprendre l'origine de ces processus ? Doit-on y voir des effets d'environnement, ou bien le destin des galaxies est-il déjà scellé dès les conditions initiales de l'Univers ?

Chapitre **2**

Les bébés galaxies dans leur cocon

Les galaxies lointaines ont d'abord été recherchées par l'émission des raies très brillantes du gaz ionisé, attendues de tous les objets qui forment des étoiles. Mais ce fut un échec, car la raie principale, intense dans l'ultraviolet, est complètement absorbée par la poussière.

Au contraire, les astronomes utilisent aujourd'hui cette absorption, qui produit une coupure caractéristique dans le spectre des galaxies lointaines (coupure de Lyman), dont la position permet d'identifier le décalage vers le rouge, donc la distance des galaxies.

Il est essentiel de connaître la distribution en longueurs d'onde de l'énergie rayonnée par une galaxie : deux pics y sont remarquables, l'un dans le visible dû au rayonnement des étoiles, l'autre dans l'infrarouge, vers 100 microns, qui est dû au rayonnement de la poussière chauffée par les étoiles jeunes enfouies. Si, dans une galaxie normale, ces deux pics sont à peu près équivalents, les galaxies à flambées de formation d'étoiles se distinguent par un pic infrarouge beaucoup plus proéminent.

Les bébés-galaxies sont le plus souvent des flambées de formation d'étoiles, encore enfouies dans les nuages de gaz et de poussière. Leur rayonnement ne sort que dans l'infrarouge. Mais le décalage vers le rouge amène ce pic d'émission dans le domaine millimétrique.

C'est donc par le rayonnement micro-ondes qu'il va être possible de débusquer les galaxies lointaines cachées dans leurs nuages de poussière.

À ces longueurs d'onde, les galaxies lointaines sont plus brillantes que les galaxies proches !

À LA RECHERCHE DES GALAXIES LOINTAINES

La recherche des premières galaxies de l'Univers fait figure de quête du Saint Graal.

Pendant longtemps, les astronomes ont essayé de détecter ces objets par la méthode de l'émission dans la raie de l'hydrogène dite « Lyman-α ». Cette raie est émise par les atomes qui, après avoir été excités et ionisés par les rayons UV des jeunes étoiles, retombent dans leur état fondamental[1]. Normalement, la raie Lyman-α est la raie la plus intense que l'on attend de ces astres, où devraient se former des étoiles en abondance.

Les premiers objets à s'effondrer, quelques centaines de milliers d'années après le Big-Bang, sont mille fois plus massifs que le Soleil. Ils sont comme les « briques de base » des galaxies, et vont former de petites galaxies par coalescence. Dans ces fusions, qui sont assez violentes, il doit se former des flambées d'étoiles jeunes. Au fur et à mesure que les fragments fusionnent, et que la masse des galaxies augmente, on s'attend à une série de flambées, qui devraient exciter et ioniser le gaz, et ainsi alimenter l'émission Lyman-α.

Ces protogalaxies, ou galaxies jeunes, peuvent être recherchées dans les premiers milliards d'années de l'âge de l'Univers, c'est-à-dire entre les décalages vers le rouge $z = 10$ à $z = 2$. La raie Lyman-α, dont la longueur d'onde au laboratoire est dans l'ultraviolet à 1 200 Angströms, serait alors détectable dans le domaine visible, elle serait décalée vers les longueurs d'onde entre 1,1 micron (proche infrarouge) et 0,36 microns (proche UV).

Il est certain que les galaxies, dans leur jeunesse, formaient beaucoup plus d'étoiles qu'aujourd'hui. En effet, si l'on extrapole le taux de formation moyen d'une grande galaxie comme la nôtre, à raison de quelques étoiles par an, on n'arrive pas à expliquer l'existence de toutes les étoiles accumulées aujourd'hui dans les galaxies. D'autres observations ont permis de brosser

1. Toutes les raies ou transitions qui font intervenir le niveau fondamental de l'atome d'hydrogène sont appelées les raies de Lyman, d'après le physicien de Harvard Théodore Lyman, qui les a découvertes en 1906. La première raie de la série est appelée Lyman-α (puis Lyman-β, etc.).

l'histoire de la formation d'étoiles dans l'Univers, et montré que le taux moyen de formation stellaire était au moins 10 fois supérieur il y a 9 milliards d'années (à $z = 1$), et peut-être avait un maximum il y a 12 milliards d'années (à z = 3). Le taux moyen au-delà de $z = 3$ est encore sujet à caution, son estimation est représentée dans le diagramme dit « de Madau » d'après le premier astronome qui l'a conçu, qui fait l'objet de la figure 2.1.

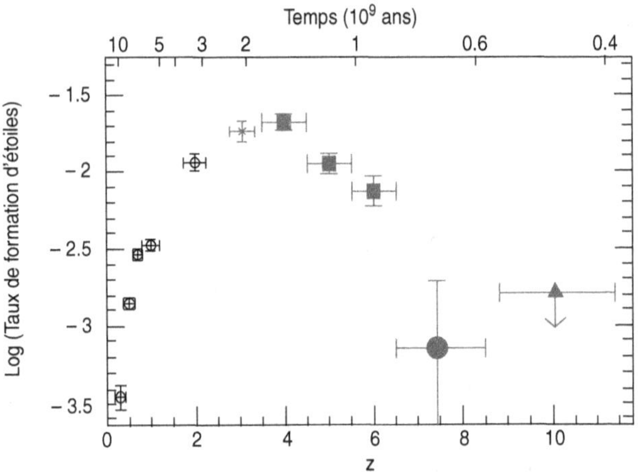

Figure 2.1 Histoire de la formation d'étoiles dans l'Univers

En fonction du temps (axe horizontal du haut), ou du décalage vers le rouge z (sur l'axe horizontal du bas) est porté le taux de formation d'étoiles moyen dans l'Univers, en masses solaires par an et par unité de volume (millions de pc^3). Ce taux est estimé par le flux UV des galaxies dans les champs profonds observés avec le télescope spatial Hubble. Les étoiles massives et jeunes émettent un rayonnement UV intense, et il est possible de transformer le flux UV reçu en taux équivalent de formation d'étoiles. Cette interprétation tient compte aussi des couleurs observées pour les galaxies. Le taux de formation d'étoiles doit être corrigé de l'effet d'extinction, qui empêche de voir toutes les régions de formation d'étoiles, surtout à grand décalage vers le rouge *z*. Les barres d'erreur sont bien sûr très importantes pour les galaxies lointaines. (d'après Bouwens et Illingworth 2006).

Malheureusement les recherches de galaxies à raie d'émission Lyman-α forte n'ont pas eu beaucoup de succès dans les débuts, malgré les longues périodes d'observation. Ce n'est que très récemment, grâce à l'augmentation des performances des instruments, que les campagnes « Lyman-α » ont pu découvrir toute une classe de galaxies lointaines.

En revanche, une autre méthode a beaucoup mieux réussi : celle de la brutale retombée de l'émission continue ultraviolette, au-delà de la limite de Lyman, à 912 Angström. Cette longueur d'onde correspond à l'énergie minimum que doit avoir un photon pour pouvoir ioniser l'atome d'hydrogène.

Si un astre lointain émet un tel photon, celui-ci sera absorbé par tout atome d'hydrogène se trouvant sur la ligne de visée entre l'astre lointain et l'observateur. Mais seuls les absorbants jusqu'au décalage de l'émetteur vont contribuer, bien sûr les atomes d'hydrogène placés derrière, et donc de décalage supérieur, ne participeront pas. On voit ainsi que cette limite de Lyman peut nous renseigner sur le décalage vers le rouge de la source.

La probabilité de rencontrer un atome d'hydrogène est d'autant plus grande que l'astre est plus lointain. C'est pourquoi la méthode a beaucoup de succès pour les protogalaxies. L'absorption par le gaz sur la ligne de visée du rayonnement continu émis par ces galaxies provoque une chute brutale de ce rayonnement, que l'on appelle la coupure de Lyman.

Il suffira donc d'observer l'astre dans plusieurs filtres, ou plusieurs couleurs, pour s'apercevoir si certains objets, brillants dans une bande, sont soudain complètement absents dans la bande adjacente. La position de cette chute renseigne sur le décalage vers le rouge de l'objet, et donc sur leur distance et leur âge.

Selon les filtres disponibles sur le télescope spatial Hubble, on a pu identifier une population significative de galaxies manifestement à flambées de formation d'étoiles, au décalage vers le rouge de $z \sim 3$. La spectroscopie de certains de ces objets a bien confirmé leur décalage vers le rouge.

Incidemment elle a aussi montré que la raie Lyman-α de ces objets n'était pas du tout remarquable, ce qui explique le peu de rendement de la méthode précédente. Pourquoi ? Certainement parce que la raie Lyman-α est très sensible à l'absorption par la poussière, et par le gaz d'hydrogène environnant (auto-absorption). Contrairement aux galaxies aujourd'hui, qui forment peu d'étoiles, ces protogalaxies et galaxies jeunes ont eu autrefois un réservoir de gaz bien supérieur, et les flambées d'étoiles sont toujours enfouies dans les nuages qui leur ont donné naissance.

Dans un champ profond du ciel, le nombre de galaxies très lointaines, à décalage vers le rouge supérieur à 3, est assez faible (quelques pour cent de tous les objets présents), et ce critère de couleurs est très utile pour les sélectionner aisément. Cette méthode est à l'origine de grandes avancées dans l'étude de ces objets lointains.

GRANDES CARTOGRAPHIES LYMAN-α

En fait, avec le progrès des techniques, et le lancement de grandes campagnes de détection, les galaxies jeunes émettrices en raie Lyman-α ont bien été découvertes, mais elles sont moins nombreuses que prévu, car elles sont typiquement 100 fois moins intenses que les prédictions théoriques. Au moins deux méthodes ont été utilisées pour cette recherche :

– La spectroscopie longue fente, qui consiste à faire le spectre par dispersion de la lumière, dans une région délimitée par une fente sur le ciel, mais cette méthode est très longue, car il faut une fente par galaxie.
– L'imagerie grand champ en bande étroite, qui consiste à faire une image d'une région du ciel à travers un filtre de couleur, centré sur la fréquence de la raie. Le filtre est étroit, ce qui permet de ne pas diluer la raie dans le continu des alentours, mais ne fournit aucune précision sur la forme de la raie. Cette technique permet de couvrir une grande surface, pour un domaine de décalage vers le rouge limité. La bande de longueur d'onde que laisse passer le filtre correspond à la raie Lyman-α pour le décalage vers le rouge choisi. Le décalage vers le rouge est en général autour de $z = 4 - 5$, car il amène alors les raies Lyman-α dans le domaine visible.

De telles recherches ont montré que la densité de ces objets est de l'ordre d'un par minute carrée du ciel, pour des décalages vers le rouge compris entre 4 et 5, c'est-à-dire près de 100 fois moins nombreux que les galaxies découvertes par la technique de la coupure de Lyman (ou « Lyman-break »). La technique a pu être appliquée jusqu'à des décalages vers le rouge de $z = 6{,}5$, et la détection d'émetteurs Lyman-α à ces distances permet de déduire que la réionisation du milieu intergalactique a commencé très tôt, bien avant l'époque correspondant au décalage vers le rouge 6,5. En effet, si le milieu restait significativement neutre, il absorberait les photons Lyman-α et les émetteurs lointains seraient indétectables.

Les galaxies ainsi découvertes par imagerie en bande étroite ont une grande « largeur intégrée » (produit de l'intensité par la largeur en vitesse du profil). La spectroscopie montre que dans la plupart des cas, cela est dû à une grande largeur en vitesse, plutôt qu'à une grande intensité. Certainement la méthode utilisée sélectionne-t-elle préférentiellement de tels objets, car les raies plus étroites seraient diluées dans la bande d'observation, et rendues indétectables. La grande largeur en vitesse de ces profils pourrait faire penser qu'il s'agit de l'émission des disques d'accrétion autour des trous noirs massifs dans les noyaux actifs. La recherche de rayons X, dont l'émission est prédite pour ces sources très énergétiques s'est révélée négative, ce qui exclut que l'émission provienne du noyau actif.

Il existe aujourd'hui au moins trois centaines de candidates galaxies jeunes détectées avec cette technique du filtre Lyman-α à bande étroite. Quelques dizaines ont pu être confirmées avec la spectroscopie effectuée sur les grands télescopes au sol, de la classe des 10 m. Bien sûr la spectroscopie consomme beaucoup de temps d'observation, car il faut diviser la lumière qui vient d'un objet en plusieurs canaux de fréquence (ou vitesse par effet Doppler). Cette spectroscopie permet d'éclaircir le mystère des grandes largeurs en vitesse des profils.

Lorsque la spectroscopie de ces objets est faite avec précision, on s'aperçoit que les profils sont très asymétriques. C'est aussi le cas pour les profils Lyman-α à bas décalage vers le rouge. Cela pourrait être dû à deux facteurs :

– La raie Lyman-α est très sensible à l'absorption par la poussière ; celle-ci supprime les photons en les absorbant, surtout au centre de la raie où les photons sont piégés par de multiples diffusions. Mais si le milieu interstellaire est très poreux, certains photons peuvent tout de même s'échapper dans les ailes de la raie, et les diverses rediffusions élargissent le profil.

– Plus vraisemblablement, les flambées de formation d'étoiles s'accompagnent de vents stellaires et d'éjections de gaz à grande vitesse. Ces éjections expliquent les largeurs de raies par effet Doppler. En outre le décalage en vitesse du gaz d'hydrogène chaud permet aux photons Lyman-α de sortir et de se dissocier de la galaxie plus efficacement. Des décentrements typiques de 300 km/s sont observés entre le centre de la raie Lyman-α et celui des étoiles de la Galaxie. L'éjection est vue de façon asymétrique par les effets d'absorption de la poussière.

Afin de mieux comprendre la physique de ces toutes premières galaxies, observées aux confins de notre horizon, il est intéressant d'essayer de retrouver des objets équivalents plus proches de nous. Il faut pour cela s'intéresser aux galaxies naines, pauvres en éléments lourds ou « métaux », et donc pauvres en poussière, qui ont une émission Lyman-α significative. Si l'on peut observer au sol la raie ultraviolette Lyman-α des galaxies lointaines, grâce au décalage vers le rouge, il faut aller dans l'espace pour observer cette raie dans les galaxies proches.

Les profils de cette raie détectée par des satellites UV, sont en effet très larges, élargis par des éjections de gaz dues à la formation violente d'étoiles, d'un « *starburst* ». La figure 2.2 montre un modèle schématique de la vision que l'on peut obtenir à partir des observations de galaxies naines proches, à flambées de formation d'étoiles. Il est possible de distinguer plusieurs phases depuis la formation d'étoiles centrales, jusqu'à l'éjection de matière dans une coquille autour du centre.

Selon les différentes géométries, la raie Lyman-α sera visible ou non, et aura un profil d'émission, d'absorption, ou un mélange des deux. La situation est très semblable au profil obtenu en direction des étoiles à vent stellaire opaque en expansion dont le prototype est l'étoile P-Cygni. La partie du spectre en absorption est due à la région du vent entre l'observateur et l'étoile. Ce genre de profil est appelé couramment « profil P-Cygni ».

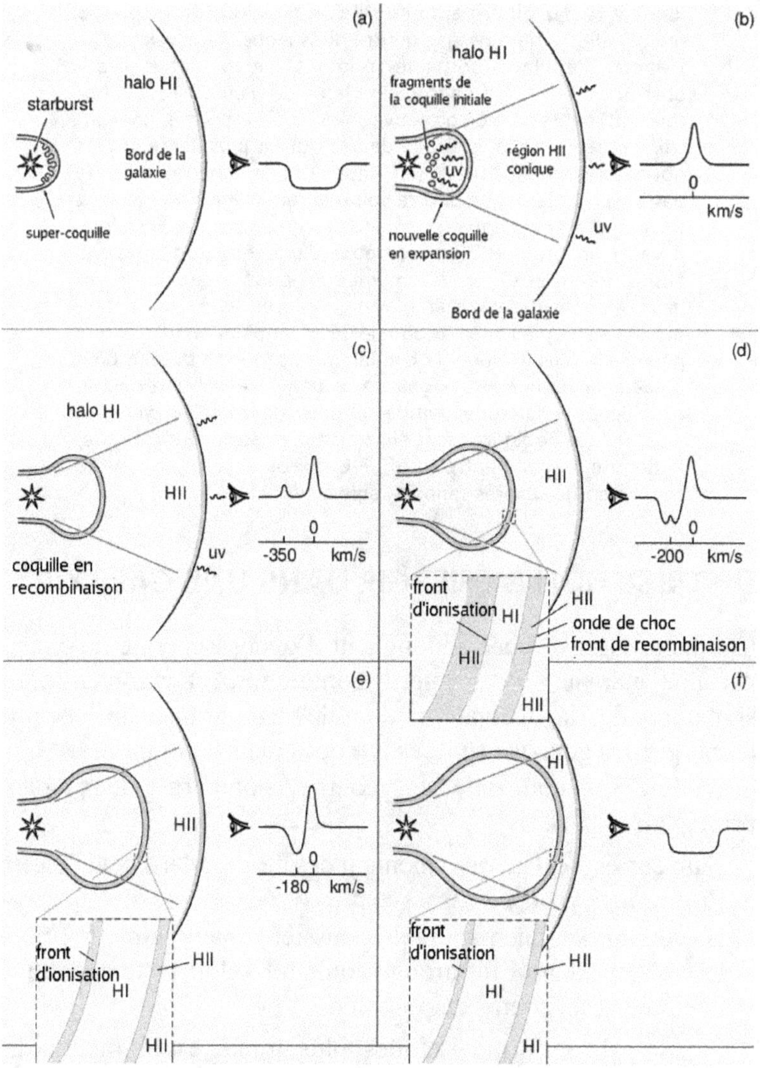

Figure 2.2 Modèle de coquille éjectée par une flambée de formation d'étoiles, au centre d'une galaxie, entourée de gaz atomique neutre (HI)

Les panneaux de a) à f) correspondent à l'évolution dans le temps, et l'expansion de la zone ionisée. À droite de l'œil de l'observateur, est indiquée la forme du spectre observé.

Dans une première étape, les étoiles se forment au centre, et ionisent le gaz qui les entoure (région d'hydrogène ionisé, ou région HII). Le halo de gaz neutre dans lequel se développe la flambée d'étoiles absorbe les photons Lyman-α et le profil obtenu est celui d'une absorption large (a). Peu à peu les photons ionisent le halo de gaz environnant, qui est diffus, par contre, n'entament pas le disque de gaz qui est plus dense et plus optiquement épais. Un observateur dont la ligne de visée ne passe pas par le disque pourra voir une raie d'émission Lyman-α forte (b et c), par contre, si la ligne de visée passe par le disque, il verra un profil P-Cygni composé d'une émission et d'une absorption (d et e). Les recombinaisons dans le gaz balayé du halo deviennent de plus en plus nombreuses, et le front d'ionisation va être piégé par la coquille de recombinaison (d). Dans la période la plus évoluée, la coquille de gaz ionisé s'étend bien au-delà du disque de la galaxie. Il peut y avoir une double coquille ou le gaz se recombine, et émet des photons Lyman-α. Plusieurs cas de figures sont alors possibles, selon la géométrie, la densité du gaz neutre (profil P-Cygni ou absorption saturée comme en f). (D'après Tenorio-Tagle *et al.* 1999).

DISTRIBUTION D'ÉNERGIE DANS UNE GALAXIE

Comment est distribuée en longueur d'ondes l'énergie rayonnée par une galaxie ? Pour mieux comprendre et reconnaître la signature de la formation d'étoiles, regardons le spectre d'énergie des galaxies spirales typiques dans la figure 2.3.

L'allure générale de la courbe comporte deux pics principaux :

- L'un correspond au rayonnement des étoiles, dans le visible et l'infrarouge proche.
- L'autre au rayonnement de la poussière chauffée par les étoiles jeunes, dans l'infrarouge lointain, selon la température atteinte par les grains de poussière.

Plus la galaxie forme d'étoiles, plus grande est la fraction du rayonnement produit par les étoiles qui est absorbé par la poussière. Pour les galaxies à flambées de formation d'étoiles, la majeure partie de l'énergie sort en infrarouge lointain, à 100 microns de longueur d'onde. Les étoiles jeunes et brillantes sont encore entourées du nuage de gaz et de poussière qui leur a donné naissance.

Ce sont les premières cartographies dans l'infrarouge lointain du satellite IRAS qui ont permis de découvrir les galaxies ultra-lumineuses. Ces dernières émettent 99 % de leur énergie dans l'infrarouge lointain, alors que dans le domaine visible, elles apparaissent comme « normales ». Ce sont les galaxies les plus lumineuses du ciel, après les quasars, et leur énergie résulte de la formation d'étoiles.

Ce phénomène peut se comprendre facilement :

- La formation d'étoiles dans les galaxies normales aujourd'hui est minime, et nous voyons dans le domaine visible essentiellement les étoiles qui sont depuis longtemps sorties du nuage interstellaire qui leur a donné naissance. L'absorption par la poussière est très faible, et le pic en infrarouge ne dépasse pas celui dans le visible.
- Dans le cas d'une flambée de formation d'étoiles, le taux de formation peut être 10 à 100 fois plus fort que la normale, dans un temps limité, de l'ordre de cent millions d'années. Ces étoiles nouvellement formées sont la plupart encore enfouies dans leur cocon de gaz et de poussière, et leur luminosité ne sort pas dans le domaine visible. Leur lumière est absorbée par la poussière, qui rerayonne l'énergie en infrarouge lointain, correspondant à la température des poussières de l'ordre de 20 à 40 K.

Dans le cas des protogalaxies, le même phénomène doit intervenir, et l'énergie de la formation d'étoiles n'est pas rayonnée principalement dans les longueurs d'onde UV, visible ou proche infrarouge, mais plutôt à 100 microns de longueur d'onde, dans l'infrarouge lointain. Mais cette longueur d'onde est celle du rayonnement qui sort au niveau de la galaxie. Comme la galaxie est lointaine, son rayonnement va arriver très décalé vers le rouge au niveau de l'observateur, à cause de l'expansion de l'Univers. Si l'on tient compte du décalage vers le rouge, l'énergie rayonnée par la galaxie va être détectée dans le domaine submillimétrique et millimétrique, en radio micro-ondes.

NATURE DE LA POUSSIÈRE

Comme nous le voyons dans le spectre de distribution de l'énergie, la poussière joue un rôle primordial dans le bilan énergétique d'une galaxie. Pouvons-nous déduire des observations la nature des grains de poussière, ou les diverses composantes de la poussière des galaxies ? Et ces composantes vont-elles garder les mêmes propriétés en fonction du temps, au cours de l'évolution de l'Univers ?

La poussière se forme à partir des rejets enrichis en éléments lourds des étoiles. Il est naturel de penser que les premières galaxies avaient moins de poussière relativement à leur quantité de gaz que les galaxies d'aujourd'hui.

Les diverses composantes de la poussière de la Voie Lactée se distinguent essentiellement par leur taille, de laquelle dépend leur température, et donc la longueur d'onde à laquelle elles émettent le plus.

Pendant très longtemps, la poussière était surtout connue par son extinction dans les longueurs d'onde proches du visible et de l'ultraviolet. Étant donné que sa masse ne représente que 1 % de la masse du gaz interstellaire, la poussière a toujours semblé un élément secondaire, gênant puisqu'elle bloque la lumière des étoiles, mais ne jouant que le rôle de traceur du milieu (traceur du champ magnétique, de la densité…) et au mieux d'un catalyseur pour former les molécules.

En réalité la poussière participe activement au cycle de formation des étoiles, et à l'enrichissement du milieu interstellaire. Les grains solides se condensent dans les atmosphères froides des étoiles évoluées, qui les rejettent et les recyclent dans le milieu. Ils se forment aussi lors de l'explosion des étoiles massives en supernovæ, à la fin de leur vie. Ils peuvent à la fois être détruits dans le milieu au contact du gaz chaud dans les ondes de choc, des rayons UV des étoiles, ou par collisions entre grains.

Mais ils peuvent aussi, au contraire, grossir par condensation dans les nuages moléculaires, par accrétion d'un manteau de glace. Les grains aideront à former les étoiles, en rayonnant la chaleur de l'effondrement, seront détruits dans l'étoile, puis reformés dans son évolution, et rejetés par les vents stellaires et les explosions de supernovæ.

La courbe d'extinction en fonction de la longueur d'onde λ nous renseigne sur la taille et la composition des grains. Il s'agit globalement d'une loi de puissance en λ^{-1}, avec une bosse spectaculaire vers 2 175 Angström, qui est due au graphite. On pense aujourd'hui que les grains sont formés d'un cœur de matériel réfractaire, essentiellement des silicates et des éléments carbonés, et d'un manteau d'éléments organiques, et de glaces (H_2O, CH_4, NH_3, CO_2…).

Pour rendre compte de l'extinction sur de grandes gammes de longueur d'onde (de l'UV à l'infrarouge proche) il faut des grains de taille variée, comparable à la longueur d'onde. Il existe tous les intermédiaires entre petits grains solides et grosses molécules, notamment PAH « *Poly-Aromatic Hydrocarbons* ». Ces grosses molécules, qui contiennent entre 20 et une centaine d'atomes, et au moins un cycle aromatique (cycle hexagonal de 6 carbones), sont très semblables à celles qui se trouvent abondamment dans les suies et fumées dérivées des produits pétroliers.

DE GROSSES MOLÉCULES JOUENT LE RÔLE DE PETITS GRAINS DE POUSSIÈRE

Si les grains sont assez gros, ils vont pouvoir se mettre à l'équilibre thermique lorsqu'ils recevront un photon ultraviolet provenant des étoiles proches : le photon sera absorbé, et son énergie répartie sur un grand nombre d'atomes. On pourra statistiquement calculer la température du grain, comme pour tout corps macroscopique : à l'état stationnaire, l'énergie qu'il reçoit de l'étoile en ultraviolet est égale à l'énergie qu'il émet en infrarouge lointain.

Dans une galaxie normale, où règne le rayonnement interstellaire moyen, cette température est de l'ordre de 18 degrés Kelvin (soit –255 degrés Celsius). La température monte à 40 degrés (ou –233 °C) pour des galaxies à flambées de formation d'étoiles. En revanche, lorsque le grain est très petit, comme pour les PAH, l'énergie d'un seul photon ultraviolet est suffisante pour exciter les vibrations de la molécule entière, et le « grain » va monter à des températures très élevées, bien plus hautes que celle de l'équilibre thermique. Ces très petits grains pourront alors rayonner comme s'ils avaient une température de 1 000 degrés C, ce qui change totalement la longueur d'onde. Ces grains vont fluctuer entre une température très basse et une température très haute, au gré de leur absorption d'un photon. Ce phénomène permet d'expliquer la grande gamme de longueurs d'onde de l'émission de la poussière.

La composition de la poussière est suggérée ou confirmée par les signatures spectrales que l'on observe en émission ou absorption. Déjà il est probable que le graphite ou carbone amorphe ou composés carbonés se caractérisent par l'absorption large à 2 175 Angströms, et les silicates produisent une absorption caractéristique à 10 microns de longueurs d'ondes.

Les PAH rendent compte des raies d'émission quasi universelles dans l'infrarouge à 3.3, 6.2, 7.7, 8.6, 11.3 microns (figure 2.3). Il existe encore une grande quantité de bandes diffuses en absorption, attribuées au milieu interstellaire, mais bien qu'elles aient été découvertes il y a près d'un siècle, elles ne sont toujours pas attribuées à un type de poussière ou de molécules. Leur responsable reste inconnu.

Ce modèle de poussière permet de rendre compte de l'extinction, mais aussi de la diffusion de la lumière par les grains, et aussi de la polarisation qui survient lorsque les grains ne sont pas sphériques : ils diffusent alors différemment les différentes polarisations, selon leur alignement (par un champ magnétique par exemple).

Si environ le tiers seulement de la lumière des étoiles est absorbé par la poussière et re-rayonné dans l'infrarouge dans une galaxie normale aujourd'hui (comme la nôtre par exemple), cela n'est pas le cas pour les galaxies qui ont eu dans le passé un fort taux de formation d'étoiles.

On sait que pratiquement toute la lumière d'une galaxie ultralumineuse est re-rayonnée par la poussière, d'où l'importance de connaître son abondance, sa nature et sa composition, pour pouvoir remonter à la source. La poussière va aussi être essentielle pour les premières galaxies, bien que l'abondance en éléments lourds (et donc poussière) croît avec le temps. Mais déjà pour les galaxies les plus lointaines que l'on ait pu observer, l'abondance en « métaux » semble largement suffisante, quasiment du niveau solaire.

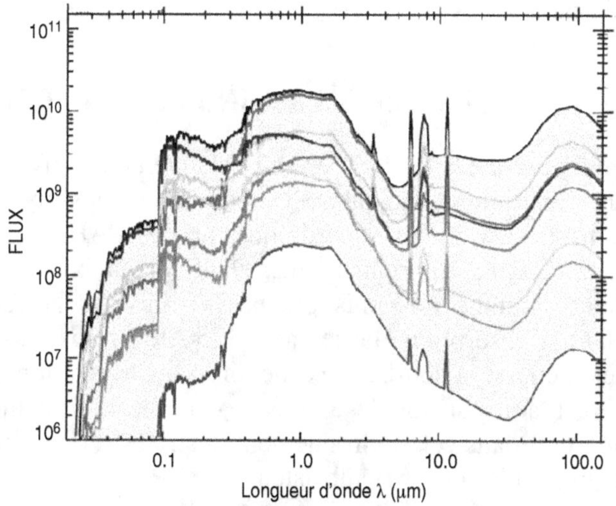

Figure 2.3 Distribution d'énergie dans le spectre de galaxies spirales typiques

Deux grands pics peuvent être distingués : un pic dans le visible (longueur d'onde λ = 0.5-1 micron) qui correspond au maximum d'énergie rayonnée par les étoiles, et un pic d'énergie dans l'infrarouge lointain (100 microns), correspondant au rayonnement de la poussière chauffée par les étoiles. Ce deuxième pic est très faible dans une galaxie où la formation d'étoiles est quasi inexistante, car le rayonnement vient essentiellement des vieilles étoiles, qui ont depuis longtemps quitté le nuage interstellaire qui leur a donné naissance, et ne souffrent plus aucune extinction. Par contre, le pic de la poussière domine, et de loin, pour les galaxies ultra-lumineuses, les flambées de formation d'étoiles, où l'essentiel de l'énergie vient de ces étoiles jeunes, encore enfouies dans leur cocon.

À gauche, les spectres des étoiles montrent leurs raies d'absorption caractéristiques. À droite, le spectre vient essentiellement de la poussière, et les raies en émission sont les raies caractéristiques des PAH (« *Poly-Aromatic Hydrocarbons* »).

La nature de la poussière varie-t-elle dans le temps ? D'après les résultats récents du satellite infrarouge Spitzer, les rapports d'émission dans les différentes bandes montrent que les raies caractéristiques des PAH sont bien présentes dans l'infrarouge proche, à des décalages vers le rouge jusqu'à $z = 3$. Le peu de données dont on dispose indique que les variations avec le temps sont minimes.

DES GALAXIES PLUS OU MOINS POUSSIÉREUSES

Les propriétés de la poussière sont relativement universelles, pourtant certaines signatures, comme l'absorption à 2 175 Angströms, ou les raies d'émission des PAH, disparaissent dans certains environnements. Dans les galaxies à faible métallicité, comme nos plus proches voisins les Nuages de Magellan, l'absorption large à 2 175 Angströms disparaît complètement de la courbe d'extinction. L'interprétation qui en est faite est la disparition des grains de carbone à faible métallicité. Pourtant dans cet environnement, les raies d'émission des grosses molécules ou PAH subsistent.

Certains petits grains de poussière et les grosses molécules poly-aromatiques peuvent aussi être facilement détruits par des environnements hostiles, comme les régions très proches des noyaux actifs au centre des galaxies, où le rayonnement dur (UV, rayons-X, rayons gamma) est très intense. La présence ou l'absence de ces grains est alors un indicateur de l'existence du noyau actif, qui est lui-même souvent éteint par l'absorption de la poussière.

UN MOYEN DE DÉTECTER LES GALAXIES LOINTAINES : LES ONDES MILLIMÉTRIQUES

Comme nous venons de le voir, les galaxies à flambées d'étoiles rayonnent la plus grande partie de leur énergie dans l'infrarouge lointain, vers 100 microns de longueur d'onde. Pour les galaxies de plus en plus lointaines, ce maximum de rayonnement va progressivement être décalé vers les ondes submillimétriques, puis millimétriques. C'est ainsi que ce domaine de longueurs d'onde va être privilégié pour la détection des premières galaxies.

La figure 2.4 montre comment le spectre d'une galaxie typique va être reçu à partir d'un observatoire terrestre, si la galaxie s'éloigne progressivement d'un décalage vers le rouge de $z = 0.1$ jusqu'à un décalage de $z = 10$. Dans ce diagramme, où les échelles sont logarithmiques sur les deux axes, on peut remarquer que le spectre des galaxies avec l'éloignement subit juste une translation à la fois verticalement et horizontalement, du moins jusqu'à $z = 5$.

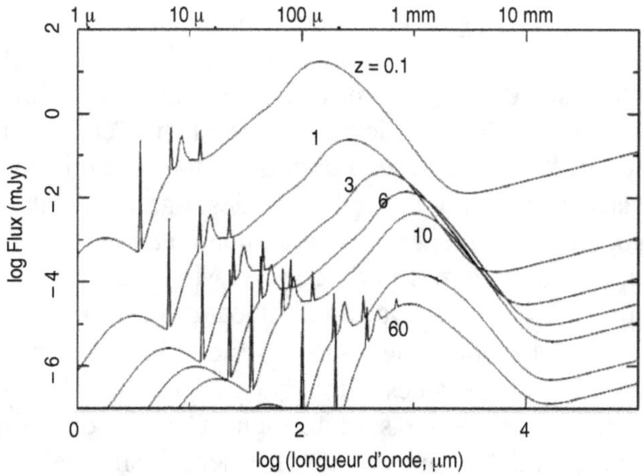

Figure 2.4 Décalage vers le rouge des spectres de galaxies à flambées de formation d'étoiles

La distribution en énergie d'une galaxie à formation d'étoiles telle qu'elle est reçue à partir d'un observatoire terrestre, est schématisée pour des galaxies de plus en plus distantes, à des décalages vers le rouge de $z = 0.1$ (en haut) à $z = 60$ (en bas). Le maximum dans l'infrarouge lointain, dû au rayonnement des poussières chauffées, est décalé progressivement vers le sub-millimétrique puis les ondes millimétriques. Les raies dans l'infrarouge moyen, vers 10 microns de longueur d'onde, sont celles des PAH (« *Poly-Aromatic Hydrocarbons* »).

Cette relation simple avec l'éloignement vient d'abord des échelles logarithmiques, qui transforment les facteurs multiplicatifs en translations. D'autre part, les flux reçus à partir des galaxies lointaines varient comme une loi de puissance de $(1 + z)$, ce facteur étant aussi celui qui caractérise la variation de la fréquence reçue, le décalage vers le rouge dans l'expansion de l'Univers.

La figure 2.4 révèle un phénomène frappant, un renversement de l'ordre des diverses courbes, aux alentours de 1 mm de longueur d'onde. Le décalage vers la droite, vers les plus grandes longueurs d'ondes, compense la chute du flux reçu vers le bas, lorsque les galaxies s'éloignent. Bien que les sources soient très affaiblies en intensité avec la distance (à grand z), la pente du spectre de rayonnement est si forte qu'elle compense la chute de la luminosité des sources en fonction du décalage vers le rouge. Aux longueurs d'onde millimétriques, toutes les sources ont à peu près la même luminosité apparente, quelle que soit leur distance, car le maximum de leur émission entre progressivement dans le domaine. Ce phénomène est appelé « correction *K* négative », et a permis au domaine millimétrique de détecter un grand nombre de galaxies à grand décalage vers le rouge. Le phénomène va être abondamment exploité par le futur interféromètre millimétrique ALMA, qui va entrer en opération en 2010 sur le plateau d'Atacama au Chili.

La figure 2.4 montre que les diverses courbes ne se déduisent par translation les unes des autres que jusqu'au décalage vers le rouge $z = 5$, ensuite elles se déforment. Cela est dû à l'importance que prend le fond de rayonnement cosmologique à ce moment-là. Le fond de rayonnement, vestige du Big-Bang, est un corps noir dont la température T décroît avec l'expansion, comme $T = 2{,}73\ (1 + z)$. Aujourd'hui ($z = 0$) cette température est de 2,73 degrés Kelvin, bien plus basse que celle de la poussière chauffée par les étoiles. Mais à $z = 5$, cette température est égale à 16 K et devient comparable à la température d'une partie de la poussière.

Lorsque l'on observe le rayonnement d'un objet dans le ciel, on l'observe par comparaison avec le fond du ciel : on soustrait toujours le fond de rayonnement cosmique qui est sous-jacent. Le rayonnement de l'astre est donc le surplus d'émission par rapport au corps noir baignant tout l'Univers. Ce surplus peut être calculé, en supposant par exemple un nombre d'étoiles pour chauffer la poussière. À grand décalage vers le rouge, la température de la poussière des galaxies distantes sera plus élevée, car elle est déjà préchauffée par le corps noir. Le spectre résultant des galaxies lointaines est donc déformé par rapport au spectre des galaxies aujourd'hui.

LES RÉSULTATS DE LA RECHERCHE EN MILLIMÉTRIQUE

Des cartographies profondes dans plusieurs champs du ciel ont été effectuées avec des bolomètres dans les longueurs d'onde entre 0,5 et 1 mm, afin de détecter le rayonnement continu thermique de la poussière des galaxies à grand décalage vers le rouge. Les champs ont été choisis en évitant les objets proches, afin de mieux détecter les objets lointains, c'est pourquoi on parle de « champs vides ».

Aujourd'hui, les télescopes disponibles pour cette recherche ne sont pas suffisamment grands. Leur tache de diffraction est de l'ordre de 15 secondes d'arc, ce qui crée des problèmes de confusion pour identifier les sources. Des centaines de sources ont été découvertes, certaines ont pu être identifiées à des galaxies déjà détectées dans le visible, avec un décalage vers le rouge, et donc une distance, connus. Le nombre de sources est de l'ordre d'une par minute carrée.

Les cartographies dans le visible trouvent environ 100 fois plus de sources lointaines, par la technique de la coupure spectrale de Lyman (voir plus haut). Mais le grand avantage du domaine millimétrique, malgré le manque de sensibilité actuel, est de ne pas être perturbé par l'absorption par les poussières, et donc de donner une vue non biaisée de l'évolution des galaxies.

Pour gagner en sensibilité, certaines recherches ont été faites derrière des amas de galaxies d'avant-plan, afin d'amplifier le rayonnement des sources lointaines par effet de lentille gravitationnelle. Comme le montre la figure 2.5, la lumière des galaxies de l'amas ne gêne nullement la détection des galaxies lointaines, car elles restent invisibles en millimétrique.

Figure 2.5 Cartographie profonde dans le domaine millimétrique d'un champ du ciel derrière un amas de galaxies proche

L'amas de galaxies proches, visible ici dans la photo représentée en grisé, est utilisé comme lentille gravitationnelle, autrement dit comme télescope auxiliaire. Les sources découvertes en millimétrique, et correspondant aux contours isophotes en blanc, n'ont rien à voir avec les galaxies proches visibles dans le domaine optique (d'après Ivison *et al.* 2000).

Une fois les objets identifiés à d'autres longueurs d'onde, en radio, visible ou infrarouge, il est alors possible de rechercher des raies d'émission du gaz moléculaire, dans ces galaxies jeunes qui sont toutes soit des flambées de formation d'étoiles, soit des quasars, soit les deux.

Au niveau de sensibilité actuel, il n'est pas possible de détecter des galaxies « calmes » ; seules des galaxies ultra-lumineuses peuvent se trouver dans les mailles du filet ! La nature des sources de rayonnement va pouvoir être précisée par des informations complémentaires.

Soit la poussière détectée est chauffée par les étoiles, qui se forment à un taux extrêmement élevé, dans une région très compacte. C'est le cas des galaxies ultra-lumineuses, rayonnant 100 à 1 000 fois la luminosité de la Voie Lactée. Soit la poussière détectée est chauffée par un noyau actif, un quasar dont la source d'énergie est l'accrétion de masse par un trou noir, et qui est encore plus puissante.

Dans la plupart des cas, les deux phénomènes sont présents, c'est-à-dire que les flambées de formation d'étoiles accompagnent l'alimentation du noyau et les phénomènes lumineux associés. La question est de savoir quelle est la proportion des deux mécanismes d'émission. La quantité de gaz moléculaire va permettre de tester l'intensité de la formation stellaire, afin de répondre à cette question.

Le principal constituant du gaz moléculaire est l'hydrogène. Mais l'hydrogène moléculaire à cette température ne rayonne pas : la symétrie de la molécule l'empêche d'avoir un dipôle électrique. Le principal traceur utilisé est le monoxyde de carbone CO, dix mille fois moins abondant, et sa série de raies de rotation dans le millimétrique et submillimétrique.

Ces raies régulièrement espacées en fréquence permettent d'atteindre pratiquement tous les décalages vers le rouge attendus des galaxies sources. Plus la source est lointaine, plus le niveau d'excitation de la raie de CO recherchée est élevé (la fréquence plus grande), et heureusement le flux émis dans ces raies croît avec le niveau d'excitation, du moins dans les premiers niveaux. Cette correction cosmologique avantageuse permet de compenser en partie l'affaiblissement du flux avec la distance de la source. Cette correction ne va pas jusqu'à rendre les objets lointains plus brillants que les objets proches, comme pour le rayonnement continu, mais a tout de même permis aux instruments actuels de détecter des raies CO dans quelques dizaines de galaxies à grand décalage vers le rouge.

Il n'est pas surprenant, bien sûr, qu'une grande majorité de ces sources détectées aussi dans les raies moléculaires soient des objets amplifiés fortement par une lentille gravitationnelle. Un des exemples frappants est le « trèfle à quatre feuilles », un quasar pour lequel une galaxie d'avant-plan, sur la même ligne de visée, joue le rôle de lentille amplificatrice, et nous fait apercevoir quatre images, comme le montre la figure 2.6.

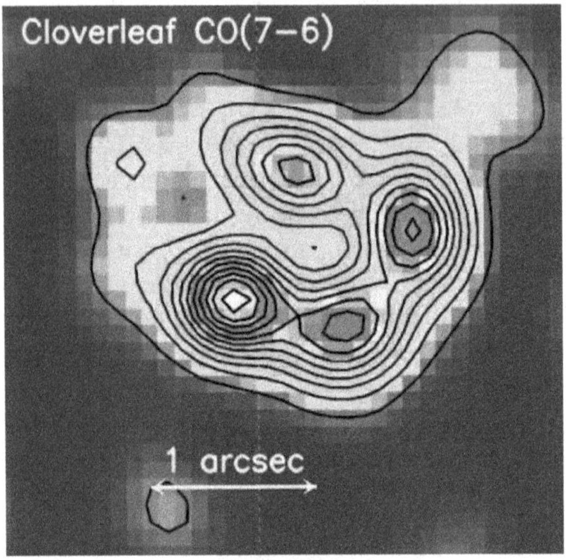

Figure 2.6 Le « trèfle à quatre feuilles », ou « cloverfeaf »

Ce « trèfle » est un quasar reproduit en 4 images par une lentille gravitationnelle sur la ligne de visée entre le quasar et l'observateur. Les contours et les couleurs correspondent à l'émission dans la raie de rotation CO(7-6) du monoxyde de carbone. Les observations ont été faites avec l'interféromètre de l'IRAM au Plateau de Bure (près de Grenoble). Le décalage vers le rouge du quasar est de z = 2.6.

La détection des raies moléculaires permet alors d'obtenir plus de détails sur la physique de la galaxie à grand décalage vers le rouge :

- La largeur en vitesse va donner la masse totale de l'objet, la quantité de gaz interstellaire, le taux de formation d'étoiles.
- La masse comparée du bulbe de la galaxie et la masse du trou noir déduite de la luminosité du quasar (en supposant qu'il émet à la luminosité maximale d'Eddington), va permettre de déterminer les taux respectifs d'accrétion de masse par les galaxies et les trous noirs super-massifs.

Depuis 1995, la détection à grand décalage vers le rouge d'objets ultra-lumineux, possédant des quantités considérables de gaz interstellaire, a été une surprise : on ne s'attendait pas à trouver des objets si évolués très tôt dans l'Univers. D'autant plus que leur détection suppose déjà une certaine métallicité, dans ces objets qui n'ont pas connu de nombreuses générations d'étoiles permettant l'enrichissement en éléments lourds, tels que le carbone et l'oxygène (C et O).

La détection des molécules CO montre qu'au moins les objets ultra-lumineux, avec 50 fois plus de gaz que dans la Voie Lactée, ont pu se former très rapidement, dans le premier milliard d'années après le Big-Bang. Certains quasars sont même détectés dans les raies CO au décalage vers le rouge de z = 6.4. Cela est très prometteur pour le futur interféromètre millimétrique ALMA (*cf.* chapitre 6).

LE DÉBUT DE L'HISTOIRE...

La recherche effrénée de galaxies à des décalages vers le rouge de plus en plus grands, grâce à l'observation très profonde avec le télescope spatial Hubble, a-t-elle permis de mettre à jour les toutes premières galaxies de l'Univers ?

Des centaines d'objets ont été confirmés dans le domaine de décalage vers le rouge z ~3-4, et quelques objets seulement pour z supérieur à 5-6. La rareté des objets candidats à z ~ 6-7 montre à la fois la limite de sensibilité des instruments actuels, mais aussi sans doute la rareté intrinsèque des galaxies lumineuses si lointaines et si jeunes, moins d'un milliard d'années après le Big-Bang (figure 2.7).

Les centaines de galaxies à grand décalage vers le rouge détectées jusqu'ici permettent déjà de réunir les grandes lignes de l'évolution de l'Univers.

Le taux de formation d'étoiles a été dans le passé bien supérieur à ce qu'il est aujourd'hui dans les galaxies qui nous entourent, et il a été établi que la majeure partie des étoiles qui constituent les galaxies voisines sont nées vers le milieu de l'âge de l'Univers, soit il y a 7 milliards d'années.

Les galaxies qui forment beaucoup d'étoiles sont en général très riches en gaz et poussières, si bien que l'essentiel de la lumière rayonnée par les étoiles ne sort pas directement dans le domaine visible, mais en infrarouge lointain, rayonnement thermique des poussières chauffées par les étoiles : c'est le phénomène des galaxies ultra-lumineuses qui rayonnent plus de 90 % de leur énergie dans l'infrarouge (ULIRG).

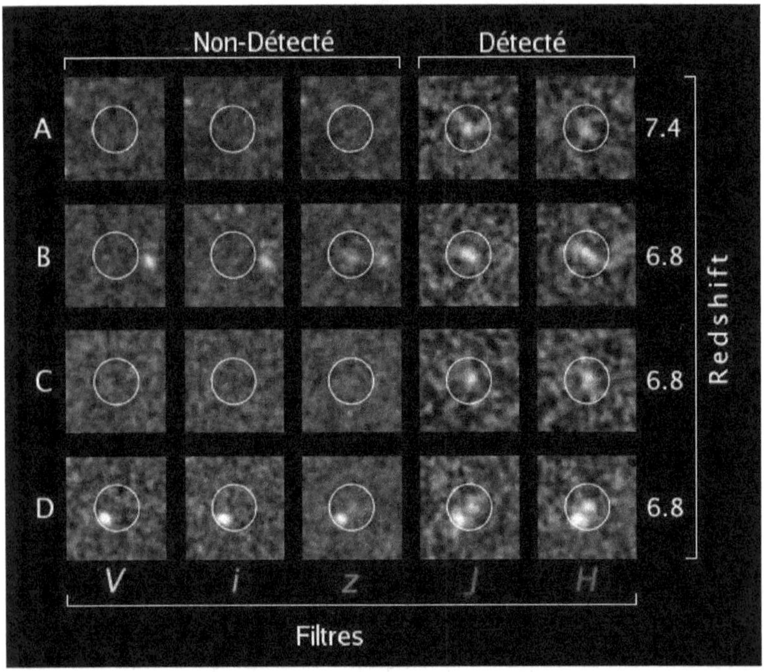

Figure 2.7 Galaxies candidates pour être les galaxies les plus lointaines connues à ce jour

Ces objets sont sélectionnés pour leurs couleurs en optique et proche infrarouge, et leur fréquence de coupure dans le filtre *z* (« *z*-dropout »). Noter que l'objet au centre des diverses images est détecté dans les filtres J et H, mais non détecté dans les autres filtres de plus haute fréquence. Pour confirmer ces candidats, il faudrait pouvoir faire un spectre (et donc avoir un décalage vers le rouge spectroscopique, en plus du décalage vers le rouge photométrique indicatif), mais cela devra attendre des télescopes plus grands et plus sensibles. Chaque image est un carré de 3.5 secondes d'arc de côté, d'après Bouwens & Illingworth (2006).

Dans ces galaxies, il est toujours difficile de départager l'énergie qui est due au noyau actif et celle qui provient de la formation d'étoiles, mais l'observation du rayonnement X dur, qui vient exclusivement des noyaux actifs, permet de repérer les noyaux les plus lumineux, comme les quasars.

Si les galaxies ultra-lumineuses (soit 100 fois la luminosité de la Voie Lactée) sont rares aujourd'hui, et correspondent toujours à des fusions de galaxies, elles ont été beaucoup plus nombreuses au cours de l'enfance de l'Univers. Progressivement, les galaxies infrarouges lumineuses (10 fois la luminosité de la Voie Lactée, ou LIRG) prennent le relais et se mettent à dominer la formation d'étoiles, puis ce sont les galaxies « normales », à taux relativement faible, qui dominent aujourd'hui. Depuis la moitié de l'âge de l'Univers, il y a eu une constante décroissance du taux moyen de formation d'étoiles, ce qui déjà transparaît dans la figure 1.1.

Les techniques de détection de ces galaxies dans les champs profonds ont permis de découvrir leurs tendances grégaires précoces : ces galaxies sont déjà (à $z = 3$, soit seulement 2 milliards d'années après le Big-Bang) assemblées en groupes et amas, regroupées beaucoup plus tôt que ce que l'on aurait pu attendre des modèles de formation de structures.

En effet, ces modèles classiques prédisent que les petites structures se forment d'abord, puis se rassemblent en structures plus grandes, comme les groupes et petits amas, qui deviennent aujourd'hui des superamas, etc. Sans doute ces modèles considèrent-ils essentiellement la masse des structures, qui sont dominées par la matière noire alors que le comportement de la matière visible (ou « baryonique ») est plus difficile à prévoir. Les phénomènes lumineux, prenant en compte la dissipation du gaz, son effondrement gravitationnel pour former des étoiles, les phénomènes d'autorégulation (vents stellaires, supernovæ...) sont très complexes et peuvent parfois présenter une distribution en apparente contradiction avec la matière sous-jacente.

Plusieurs sortes de galaxies ont été découvertes, et une nomenclature fournie s'est développée, comme dans tous les domaines nouveaux, mal compris, où les diverses catégories d'objets ne sont pas encore entrées dans un schéma théorique commun, permettant d'unifier et de comprendre l'origine des objets. À cause du décalage vers le rouge, les techniques de découvertes s'orientent vers les grandes longueurs d'onde, mais une catégorie de galaxies extrêmement rouges a été souvent observée : les ERO (pour « *Extremely Red Objects* »). Il semble que ces galaxies soient un mélange de galaxies jeunes formant beaucoup d'étoiles rougies par d'énormes quantités de poussière, et de systèmes stellaires très vieux, avec une grande masse d'étoiles de population très âgée.

L'une des grandes surprises de ces observations a été la *découverte de systèmes très massifs ayant évolué très tôt dans l'Univers.* Alors que, dans la théorie de formation hiérarchique de galaxies, les galaxies massives ne sont attendues que très tard, par fusion de plus petites galaxies, il semblerait au contraire que les premières galaxies à s'être formées sont les plus massives, et qu'elles n'évoluent ensuite que très passivement, sans formation de nouvelles étoiles, jusqu'à aujourd'hui. Ce sont les galaxies de type elliptique, de couleur dominante rouge, et qui ne semblent plus posséder de gaz, si bien qu'elles sont quasi « mortes ». La découverte de galaxies relativement « vieilles » très tôt dans l'Univers nous montre que l'évolution peut être très rapide dans certains environnements.

Ces découvertes ont amené certains astronomes à remettre en cause l'évolution par fusion hiérarchique des structures, en privilégiant l'effondrement très rapide, en un seul bloc (« monolithique »), des premières galaxies elliptiques. Le débat est loin d'être tranché, car la formation d'étoiles a bien dû commencer au sein de galaxies modestes, qui sont invisibles à grand décalage vers le rouge avec les instruments actuels, pour ensuite fusionner et former les elliptiques massives. Le temps caractéristique d'interaction et de fusion de structures était beaucoup plus rapide au début de l'Univers.

ET TOUJOURS DES QUESTIONS SANS RÉPONSE

Il y a deux questions fondamentales dans la formation des galaxies :

- Quand les étoiles ont-elles été formées ?
- Quand la masse des galaxies a-t-elle été assemblée, et quand les galaxies ont-elles acquis leur morphologie actuelle ?

Une partie de la réponse pourrait venir de la morphologie des galaxies. Or la morphologie des galaxies à grand décalage vers le rouge a de grandes difficultés à entrer dans la classification habituelle de la séquence de Hubble. Il y a bien des disques et des bulbes, avec donc des spirales et des elliptiques, mais le nombre de galaxies « irrégulières » augmente considérablement.

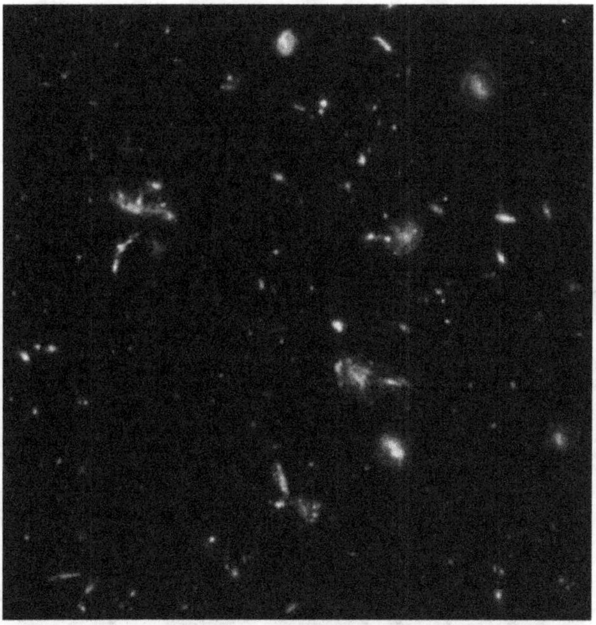

Figure 2.8 Galaxies lointaines

Images typiques de plusieurs galaxies distantes dans le champ profond du télescope spatial Hubble (UDF). Noter les morphologies très irrégulières de ces galaxies.

Les images obtenues avec les champs profonds du télescope spatial (figure 2.8) montrent clairement des morphologies perturbées, comme celles des galaxies en interaction plus près de nous. Il faut bien sûr être prudent dans l'interprétation de ces résultats, car le décalage vers le rouge force à observer les galaxies lointaines surtout dans l'ultraviolet, ce qui correspond aux régions de formation d'étoiles, très souvent clairsemées de façon irrégulière dans les galaxies. Mais ces morphologies subsistent en grande majorité dans les images en infrarouge proche.

Statistiquement, la fraction de galaxies en interactions ou en fusion a pu être quantifiée en fonction du décalage vers le rouge. Pour ce faire, il existe plusieurs méthodes, comme de déterminer le nombre de paires de galaxies, ou bien de quantifier l'asymétrie et les perturbations observées sur les images de galaxies.

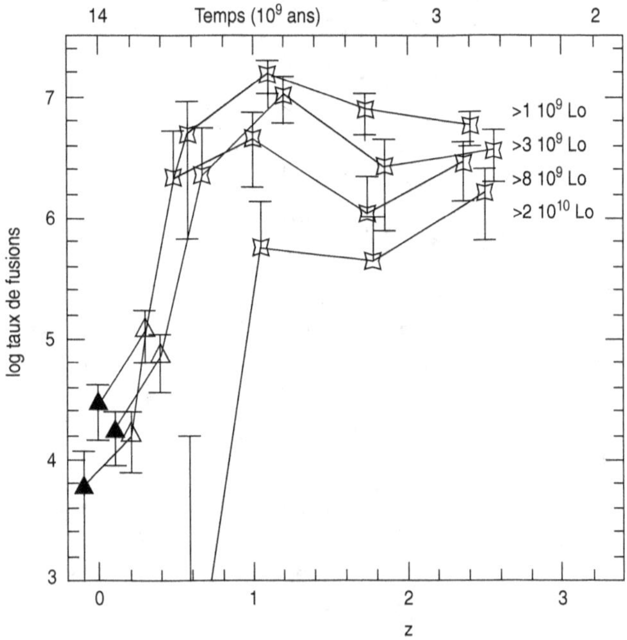

Figure 2.9 Évolution du taux de fusion entre galaxies, par milliard d'années et par unité de volume comobile (par milliards de pc^3), en fonction du décalage vers le rouge *z*, et pour plusieurs catégories de luminosité, indiquée en haut à droite, en luminosité solaire. La montée du nombre de fusions entre *z* = 0 et 1 est spectaculaire. D'après Conselice (2006)

L'augmentation est spectaculaire lorsque l'on remonte dans le temps, comme le révèle le diagramme de la figure 2.9. Entre $z = 0$ et $z = 1$, le taux d'interactions a cru de près d'un facteur 100. Il se maintient ensuite jusqu'à $z = 3$. Une galaxie typique telle que la Voie Lactée a donc expérimenté 4 ou 5 fusions majeures de galaxies depuis l'époque où l'Univers n'avait que 20 % de son âge, et aurait pu ainsi augmenter sa masse d'un facteur 10. On constate toutefois beaucoup de variations selon la masse et l'environnement des galaxies, et les incertitudes sur ces valeurs sont grandes.

Une autre classe d'objets a aussi été découverte par hasard, grâce à la technique des filtres Lyman-α en bande étroite, décrite au début de ce chapitre. Il s'agit des LAB (ou *Lyman- Alpha Blob),* qui sont de très grandes concentrations de gaz d'hydrogène atomique neutre, émettant la raie de recombinaison Lyman-α.

La surprise vient de la taille de ces objets, qui sont parmi les plus grands connus dans l'Univers. Ces structures gazeuses s'étendent parfois sur 300 millions d'années-lumière de long ! Cette taille correspond à celle d'énormes amas de galaxies, peut-être même des superamas. Et pourtant, ils sont détectés à des décalages vers le rouge supérieurs à 3 (seulement 2 milliards d'années après le Big-Bang).

Ces ensembles de nuages de gaz s'alignent comme sur des filaments cosmiques, en grumeaux qui ont la taille de galaxies ou groupes de galaxies. Le gaz pourrait avoir été éjecté lors des flambées de formation d'étoiles, par des super-vents stellaires d'échelles galactiques (figure 2.10).

Il existe une autre façon de suivre l'évolution des structures, par les techniques d'absorption devant les quasars lointains. C'est une technique très sensible, employée depuis des dizaines d'années, et qui permet d'échantillonner le gaz intergalactique à de nombreux décalages vers le rouge sur la ligne de visée. La raie la plus intense est celle de l'hydrogène atomique neutre, la raie de Lyman α, et la sensibilité est si grande qu'il peut exister une « forêt » d'une centaine de raies devant certains quasars.

Par cette technique, la densité de gaz entre les galaxies a pu être quantifiée, de même que sa décroissance en fonction du décalage vers le rouge. Les nuages intergalactiques sont très inhomogènes, et l'observation de raies métalliques associées (fer, carbone, magnésium...) permet de comptabiliser l'enrichissement en éléments lourds, provenant des étoiles formées dans les galaxies.

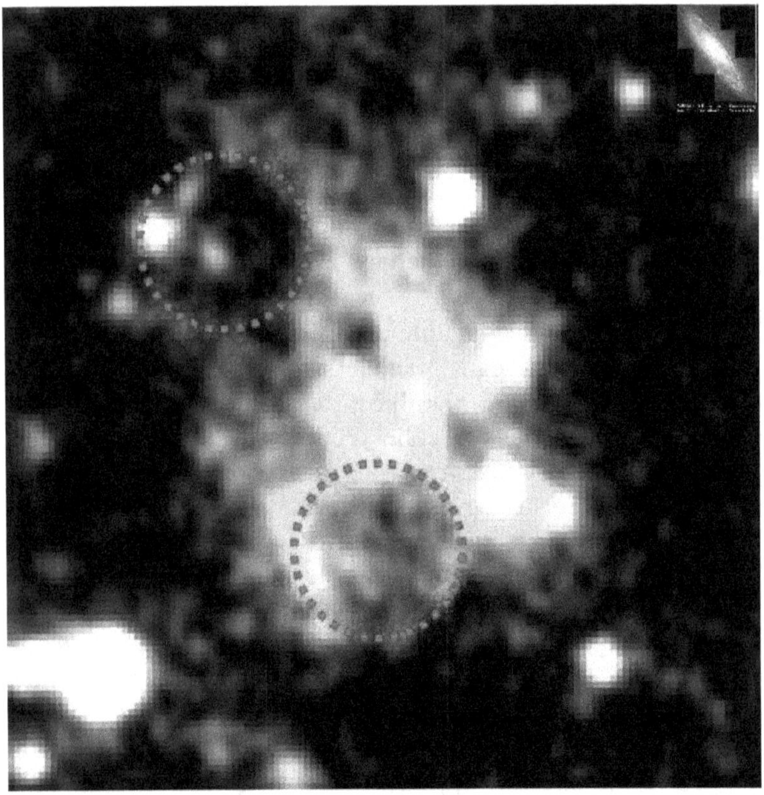

Figure 2.10 Image de l'émission dans la raie Lyman-α (en vert) provenant d'une grande extension gazeuse d'hydrogène neutre, entourant plusieurs galaxies

La galaxie d'Andromède a été superposée en haut à droite, afin de comparer les tailles respectives. Noter les bulles ou l'émission est absente ou plus faible, qui fait penser à des bulles de formation stellaire (entourées de pointillés rouges). D'après Matsuda *et al.* (2004).

Enfin, bien que nos instruments actuels ne soient pas assez sensibles, la recherche des premiers objets continue en utilisant le « télescope gravitationnel », autrement dit en s'aidant de l'amplification apportée par des lentilles gravitationnelles sur la ligne de visée. Un amas de galaxies entre les galaxies lointaines et l'observateur peut amplifier la lumière d'un ordre de grandeur en certains endroits se trouvant sur une ligne de plus grande amplification et permettre enfin la détection.

C'est ainsi que plusieurs candidats ont été découverts derrière l'amas Abell 1835, comme le montre la photométrie des objets de la figure 2.11. Toutefois, la spectroscopie avec les télescopes de 8 m de diamètre du VLT (*Very Large Telescope*) est encore à la limite des instruments, et la nouvelle génération d'ELT *(Extremely Large Telescope)* sera bienvenue !

Chapitre 3

À la source des trous noirs

Il existe plusieurs types de trous noirs, notamment des trous noirs « super-massifs ».

Depuis quelques années, on sait que chaque galaxie possède un trou noir super-massif en son centre, avec une masse proportionnelle à la masse du bulbe. Ceci suggère une croissance simultanée des trous noirs massifs et des bulbes de galaxies.

Le trou noir super-massif croît très tôt dans la vie de la galaxie, et accompagne l'histoire de la formation d'étoiles.

Dans le scénario hiérarchique où les galaxies se forment par fusion, les trous noirs sont amenés à fusionner aussi, et l'on devrait parfois observer des « trous noirs binaires ».

Il existe sans aucun doute aussi des trous noirs de masse intermédiaire, mais il est difficile de les identifier.

QU'EST-CE QU'UN TROU NOIR ?

On appelle « trou noir » un objet si condensé, si compact, que la vitesse d'échappement, ou vitesse qu'il faut posséder pour s'en échapper, est à son voisinage immédiat supérieure à la vitesse de la lumière, donc même les photons ne peuvent pas en sortir. Ces objets avaient été pressentis dès le XVIIIe siècle par Pierre-Simon Laplace, mais leur théorie n'a été développée qu'au XXe siècle. La gravité y est si forte qu'elle relève de la relativité générale, mais on peut toutefois trouver les bons ordres de grandeur à partir de formules familières de la gravité Newtonienne.

Le carré de la vitesse d'échappement autour d'un objet de masse M, est proportionnel à sa masse divisée par son rayon **R**. Pour les astres ordinaires, cette vitesse d'échappement est bien inférieure à celle de la lumière **c**.

Si l'on est en présence d'un trou noir, l'astre s'est effondré sur lui-même et on ne peut plus définir son rayon. Par contre on définit son horizon **R**, comme la distance au centre où la lumière disparaît, le point de non-retour, justement où la vitesse d'échappement devient égale à **c**. La valeur de cet horizon **R** varie donc proportionnellement à la masse **M** du trou.

Il est possible de déduire alors que le caractère compact, c'est-à-dire la densité moyenne à l'intérieur de l'horizon du trou noir, est fonction de la masse totale du trou, elle varie comme M/R^3, ou encore comme $1/M^2$. En d'autres termes, les petits trous noirs sont les plus compacts. Pour donner un ordre de grandeur, la densité moyenne est environ de 20 000 fois la densité de l'eau pour un trou noir d'un million de masses solaires. Par contre elle n'est que de 2 % de la densité de l'eau pour un trou noir d'un milliard de masses solaires.

On a observé deux types de trous noirs :

- Les trous noirs de type stellaire, formés dans l'évolution des étoiles massives. Leur masse est de l'ordre de quelques masses solaires et leur densité moyenne dépasse celle de tous les états de la matière connue.
- Les trous noirs de type galactique, beaucoup plus massifs. Ils peuvent avoir une densité moyenne de l'ordre de celle de l'eau, ou moins, ce qui est déroutant. On peut entrer dans leur

horizon, c'est-à-dire le point de non-retour, sans s'en apercevoir, sans avoir été perturbé par les effets de marée. Le phénomène n'est pas seulement effrayant pour tout astronaute qui s'approcherait trop près de ces trous noirs, sans s'en apercevoir, mais a aussi des implications concernant la luminosité de ces trous noirs au centre des galaxies.

Les trous noirs, d'après leur définition, ne devraient pas être visibles, or ils sont pourtant parmi les objets les plus lumineux de l'Univers. Cela est dû à la chute de matière, qui est « avalée » par le trou noir. En perdant de l'énergie gravitationnelle, la matière est accélérée, et rayonne avec une efficacité bien supérieure aux autres mécanismes de rayonnement.

Si les réactions nucléaires au sein des étoiles permettent tout au plus de récupérer 1 % ou moins de l'énergie de masse de la matière, l'attraction gravitationnelle et l'accrétion de matière par un trou noir, permet d'en récupérer autour de 10 %.

La matière qui tombe dans un trou noir stationne d'abord pendant quelque temps dans un « disque d'accrétion », où elle va perdre progressivement son moment angulaire. C'est dans ce disque que l'énergie va être rayonnée au loin, et que le trou noir va apparaître comme un « quasar » (« quasi-star », voir ci-dessous) pour les galaxies lointaines.

La formation des trous noirs de type stellaire était prévue depuis que l'on avait compris l'évolution des étoiles (début du XXe siècle). Selon la masse initiale de l'étoile, qui peut aller de 10 à 100 masses solaires, et surtout selon la masse résiduelle après les pertes de masse successives que sont les vents stellaires et les éjections de l'enveloppe de gaz, après que le cœur de l'étoile a fini de brûler l'hydrogène en hélium, le destin final du cœur résiduel pourra être :

- une naine blanche (destin des masses comme le Soleil), où la force de gravité est compensée par la force de pression quantique de Pauli (les électrons forment un gaz de fermions dégénérés) ;
- puis une étoile à neutrons, si la masse est plus forte, où les électrons fusionnent avec les protons pour former un gaz de neutrons dégénéré, dont la pression compense les forces de gravité ;

– et enfin, lorsque même cette pression n'est plus suffisante, lorsque le cœur a une masse supérieure à 3,3 masses solaires, l'étoile s'effondre en trou noir. L'existence de ces trous noirs de type stellaire est confirmée de façon indirecte par l'observation d'étoiles binaires, où un des éléments est devenu trou noir. Le composant est invisible, pourtant sa masse peut être évaluée par la période de rotation du compagnon, et elle dépasse largement la masse limite des naines blanches et des étoiles à neutrons. Le premier système de ce genre qui a confirmé dans les années 1970 l'existence des trous noirs est la source de rayons X Cygnus-X1 (figure 3.1). Nous connaissons une vingtaine de tels systèmes dans la Galaxie.

Figure 3.1 Disque d'accrétion autour d'un trou noir dans un système d'étoile binaire

Cette vue d'artiste montre une étoile « ordinaire » (à gauche) dont l'enveloppe gazeuse est si étendue qu'elle a atteint le lobe de Roche, qui délimite les sphères d'attraction respective des deux étoiles compagnes. Elle perd de la matière qui est accrétée par son compagnon, déjà effondré en trou noir (à droite). Cette matière ne tombe pas directement sur le trou. Elle tourne autour de lui, et doit perdre son moment angulaire (sa rotation) avant de pouvoir passer l'horizon du trou noir. Durant cette période, la matière s'échauffe et rayonne de façon très énergétique, jusqu'à des rayons X ou gamma. C'est ainsi que les trous noirs peuvent être « vus ».

LES TROUS NOIRS DE TYPE GALACTIQUE EXISTENT-ILS ?

Depuis les années 1960 où ont été découverts des objets ultra-lumineux et quasi ponctuels, ce qui les a fait surnommer quasi-star, ou « quasars », on suspecte que ces objets tirent leur énergie de la chute de la matière dans un trou noir super-massif, le seul mécanisme qui permette de relâcher autant d'énergie. En effet, l'énergie du noyau de la galaxie d'un quasar peut être de 2 ou 3 ordres de grandeur supérieure à l'énergie rayonnée par tout le reste de la galaxie !

L'existence de ces trous noirs super-massifs a pu être établie plus directement grâce à l'observation du centre de notre propre Galaxie. Ce trou noir est le plus proche qu'il nous ait été donné d'observer, à seulement 24 000 années-lumière du Soleil !

Cette proximité permet d'observer les étoiles environnantes avec beaucoup de résolution spatiale, une à une, et de mesurer directement leurs orbites, par leurs mouvements propres et leurs vitesses radiales. Cela est possible uniquement en infrarouge proche, longueur d'onde où la poussière n'éteint pas complètement le centre galactique.

Les orbites des étoiles très proches du noyau, qui se confond avec la source d'ondes radio Sagittarius A*, sont des ellipses, orbites képlériennes prévues autour d'une source massive ponctuelle, comme celle des planètes autour du Soleil. Les orbites sont observées si proches du noyau, que le caractère ultra-compact de la source centrale est établi : la densité est supérieure à tout ce qui serait attendu d'un amas d'étoiles, même d'étoiles à neutrons, ou tout astre exotique encore permis par la théorie. La masse centrale est de 3 millions de masses solaires (figure 3.2).

Les trous noirs stellaires et galactiques sont observés plus ou moins directement.

Il existe certainement tous les intermédiaires entre trous noirs stellaires et trous noirs galactiques, mais ce domaine de masse est très difficile à identifier. Nous y reviendrons.

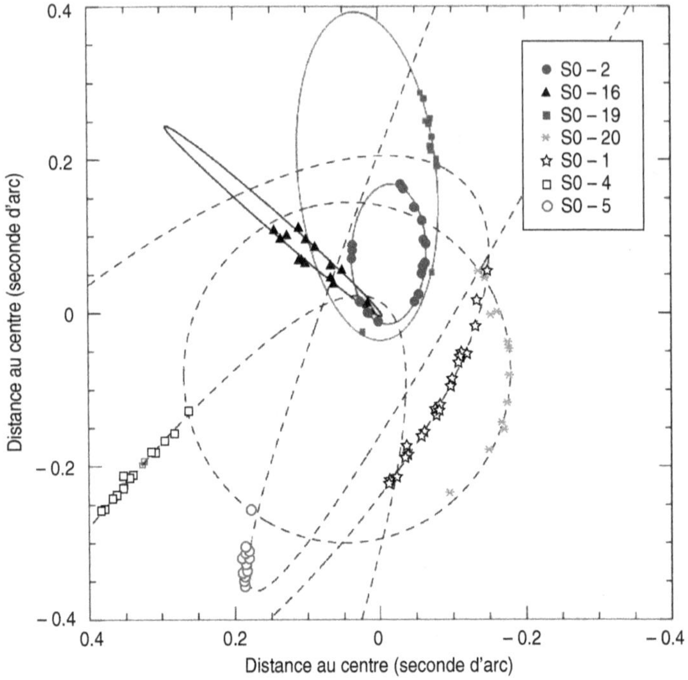

Figure 3.2 Le ballet des étoiles autour du centre de notre Galaxie

La mesure des mouvements propres des diverses étoiles dans le plan du ciel, additionnée avec celle des vitesses le long de la ligne de visée par effet Doppler, permet de reconstruire les mouvements en 3 dimensions, et ainsi de mieux cerner la masse de l'objet central. Celui-ci est si compact qu'il ne peut s'agir que d'un trou noir, dont la masse est ainsi évaluée à 4 millions de masses solaires.

Sont portées avec des symboles différents les positions observées de 7 étoiles suivies pendant une dizaine d'années, superposées aux orbites calculées de ces étoiles proches du noyau de la Voie Lactée, notre Galaxie. La vitesse moyenne des étoiles est de 1 000 km/s et plus (alors que la vitesse du Soleil n'est que de 200 km/s autour du centre de la Galaxie). Le centre Sagittarius A* correspond au centre des coordonnées (0,0). Les orbites des étoiles de SO-2 (cercles pleins) et SO-16 (triangles) se sont approchés très près du trou noir, pour SO-16 à moins de 45 unités astronomiques (6,7 milliards de km), à une vitesse de 12 000 km/s. Cette distance correspond à 600 fois l'horizon du trou, qui est de 11 millions de km. (d'après Ghez *et al.* 2005).

Existerait-il des trous noirs moins massifs que les astres formés à la fin de la vie des étoiles ? Des trous noirs primordiaux très petits, mini ou microtrous noirs, pourraient avoir été formés dans le Big Bang, mais n'étaient pas stables. Il faut savoir que les trous noirs ont l'équivalent d'une « température », et que celle-ci est d'autant plus élevée que les trous noirs sont petits. Les mini-trous noirs s'évaporent donc très vite, par éjection de particules, et ne devraient pas subsister aujourd'hui.

La recherche d'astres compacts et de masse inférieure à une masse solaire a été effectuée dans le but de tester ces candidats à la masse manquante, autour de la Voie Lactée. L'expérience a été menée grâce aux microlentilles gravitationnelles : ces objets sont invisibles, mais devraient dévier les rayons lumineux qui passent à proximité. L'expérience est négative. On n'a détecté que des étoiles de faible masse comme lentilles gravitationnelles.

TROUS NOIRS ET GALAXIES

Jusqu'à une date très récente, seules les galaxies à noyau actif, qui sont minoritaires parmi toutes les galaxies, étaient suspectées d'abriter un trou noir super-massif en leur centre.

Les Noyaux Actifs de Galaxie (ou NAG), sont de plusieurs sortes : les plus énergétiques sont les quasars, dont la luminosité dépasse de loin celle d'une galaxie tout entière. Le phénomène de NAG est détecté essentiellement en analysant le spectre d'émission des galaxies.

La majorité des galaxies possède des raies d'émission provenant du gaz ionisé. La moitié d'entre elles doivent cette émission à la formation d'étoiles, dont le rayonnement ultraviolet est ionisant.

L'autre moitié apporte l'évidence d'une activité du noyau différente de la formation d'étoiles. Les indices proviennent du spectre, qui pour un NAG est très large, bien plus large que ce qui est attendu de par la vitesse de rotation de la galaxie, et aussi du degré d'ionisation du gaz.

Cette activité peut avoir plusieurs degrés d'intensité.

Les noyaux actifs les plus lumineux sont les quasars où l'énergie provenant de la matière autour du trou noir est 10 à 1 000 fois la luminosité d'une galaxie entière. Les quasars ne représentent aujourd'hui que 1 % de toutes les galaxies, bien que ce pourcentage ait été plus élevé dans le passé.

Il existe aussi les galaxies de Seyfert, qui sont des NAG d'activité plus faible, et qui représentent 10 % de toutes les galaxies.

Enfin les 40 % restants sont des objets de transition, qui ont à la fois une faible activité du noyau et de formation d'étoiles.

COMBIEN Y A-T-IL DE TROUS NOIRS DANS L'UNIVERS ?

L'énergie des NAG provient de la chute du gaz sur le trou noir central. En perdant de l'énergie gravitationnelle, le gaz gagne de l'énergie cinétique et par des ondes de choc la dissipe par rayonnement dans un très large spectre de longueurs d'ondes. Ce faisant, il alimente aussi le trou noir, qui grossit.

L'alimentation du trou noir peut aussi se faire avec des étoiles qui s'aventurent trop près de lui : les forces de marée les détruisent et les renvoient à l'état de gaz, qui est ensuite absorbé par le disque d'accrétion. Mais une fois que toute la matière avoisinante, gaz ou étoiles, a été avalée, le trou noir non alimenté ne sera plus visible. Combien de trous noirs, tapis au centre de galaxies, existe-t-il dans l'Univers ?

Pour expliquer la fréquence des quasars et des NAG, il y a deux possibilités extrêmes :

- Soit les trous noirs n'existent que dans une minorité des galaxies ; ils sont régulièrement alimentés, et ce sont toujours les mêmes qui montrent le phénomène de noyaux actifs.
- Soit au contraire les trous noirs sont très répandus, mais la plupart du temps invisibles, et ce n'est que très rarement qu'ils sont alimentés, ce qui rend compte aussi de la faible fréquence des NAG observés.

Depuis une dizaine d'années, nous avons confirmation que la deuxième hypothèse est bien la bonne. Déjà quelques indices sur la masse des trous noirs observés nous avaient mis sur la voie.

Si ce sont toujours les mêmes galaxies qui ont un trou noir super-massif et qui sont alimentées, alors on s'attend à quelques rares trous noirs très massifs, de quelques milliards de masses solaires et plus, car seuls les riches sont nourris !

Or la démographie des quasars et NAG n'est pas celle-là. Il y a au contraire toute une gamme de masses, et les trous noirs très massifs sont rares.

D'autre part, les observations avec le télescope spatial Hubble, depuis les années 1990, ont permis de détecter des trous noirs dans plusieurs galaxies proches, même non actives.

La haute résolution spatiale a permis de mesurer la dispersion de vitesses des étoiles très proches du noyau et d'en déduire la masse. Par exemple, au centre de notre voisine la galaxie d'Andromède, les énormes vitesses observées suggèrent l'existence d'un trou noir de 70 millions de masses solaires !

Lorsque tous les résultats de ces dernières années sont rassemblés de façon statistique, il est possible de voir une corrélation nette entre la masse du trou noir et la masse du bulbe de la galaxie qui l'abrite (figure 3.3). C'est une relation de proportionnalité, la masse du trou étant 0,14 % de celle du bulbe.

Il est intéressant de noter que le disque d'une galaxie spirale ne compte pas dans cette relation, qui ne concerne que le bulbe. Pour les galaxies elliptiques, qui peuvent être considérées comme un sphéroïde, ou bulbe seul, la masse du trou noir est proportionnelle à la masse totale. Cela explique pourquoi les plus gros trous noirs, et les plus gros NAG sont associés en général à des galaxies elliptiques ou galaxies spirales de type précoce (à gros bulbe).

Pratiquement toutes les galaxies ont un trou noir super-massif en leur centre. La formation de ces trous noirs fait donc partie intégrante de la formation de la galaxie. Les galaxies forment leurs étoiles et leur trou noir de façon parallèle.

Comment se passe cette construction ? Il est possible d'en avoir une idée directement en mesurant l'évolution du nombre de quasars en fonction du temps, donc du décalage vers le rouge.

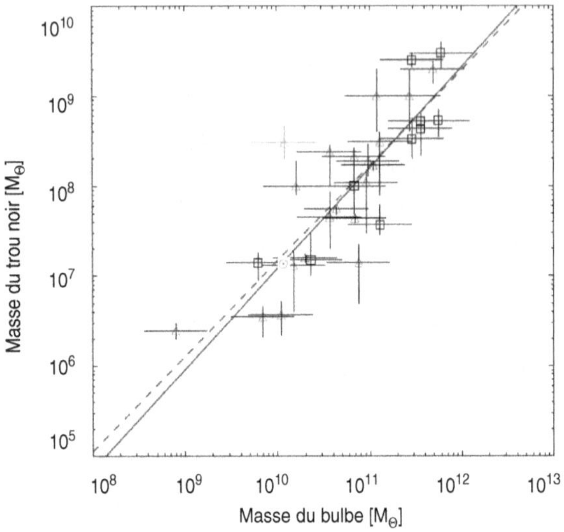

Figure 3.3 Relation entre la masse du trou noir (axe vertical) et la masse du bulbe d'une galaxie (axe horizontal)

La pente de la droite est voisine de 1, en échelles logarithmiques, ce qui signifie que la masse du trou noir est proportionnelle à la masse du bulbe, avec un rapport de proportionnalité de 0,14 % (d'après Haering & Rix 2004).

Depuis longtemps, on sait que les quasars sont rares dans l'Univers proche : il faut dépasser la distance de 3 milliards d'années-lumière pour en voir quelques-uns. Comme ce sont les astres les plus brillants de l'Univers, on s'est très vite aperçu qu'ils avaient été nombreux dans le passé (figure 3.4).

Pendant très longtemps, seul le domaine visible était assez sensible pour les détecter, et l'on pensait que la chute brutale du nombre de quasars au-delà du décalage vers le rouge $z = 3$ ne pouvait être due qu'à l'extinction qui se fait de plus en plus importante sur la ligne de visée. Aujourd'hui, grâce aux longueurs d'onde qui permettent de s'affranchir de la poussière (infrarouge, radio), on sait qu'il ne s'agit pas de problème de poussière, mais que la chute est réelle. Le nombre de quasars émettant fortement en ondes radio est une minorité (environ 10 % des quasars), mais il n'y a pas de raison que la proportion varie avec le temps.

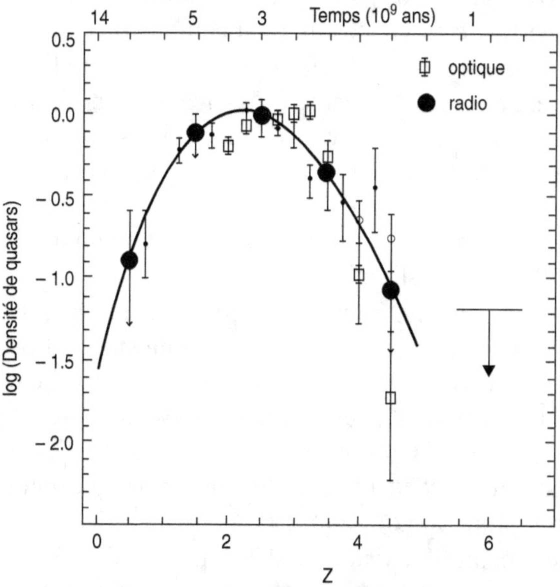

Figure 3.4 Évolution du nombre de quasars dans l'histoire de l'Univers

La courbe pleine représente la densité volumique de quasars détectés en radio (points noirs) en fonction du décalage vers le rouge z. Cette courbe montre que l'on a identifié la période où se forment la plupart des quasars, et s'alimentent les trous noirs (décalage vers le rouge $z{\sim}2$, c'est-à-dire entre 3 et 4 milliards d'années après le Big-Bang). La même tendance est obtenue avec les quasars optiques (carrés vides), ce qui prouve que l'extinction par la poussière n'a pas beaucoup d'effet (d'après Shaver *et al.* 1999).

Le nombre de quasars révèle un maximum vers $z = 2$, un peu comme pour la formation d'étoiles. Comme le phénomène de NAG nous renseigne justement sur la période où la masse s'accumule dans les trous noirs, et les font grossir, il est maintenant établi que la formation des trous noirs accompagne la formation d'étoiles au cours de la vie des galaxies.

COMMENT GRANDIT UN TROU NOIR ?

Pour obtenir les trous noirs super-massifs observés aujourd'hui, la masse doit être accumulée pendant une grande partie de l'âge de l'Univers, et il faut partir d'un noyau déjà important, car il n'est pas si facile de construire de tels monstres.

Sans doute les premières étoiles ont-elles donné lieu, au cours du premier milliard d'années, à des trous noirs de masse stellaire, mais comment passer des trous noirs stellaires aux trous noirs galactiques ? Et cela en un temps record, puisque le premier quasar est observé dès $z = 6.4$, c'est-à-dire juste après la formation des premières étoiles, également au cours du premier milliard d'années de l'Univers ?

La grande difficulté pour former les trous noirs super-massifs provient du « plafonnement à la luminosité d'Eddington ». L'accrétion de matière par le trou noir produit beaucoup de rayonnement, qui réagit sur la matière environnante, et par pression de radiation la repousse. Le phénomène d'accrétion est ainsi autorégulé, et la luminosité maximale que peut avoir le trou noir est fonction de sa masse.

Parallèlement, il existe un débit maximal, appelé « limite d'Eddington », avec lequel on peut alimenter un trou noir. Si le trou noir accumulait de la matière plus rapidement, il brillerait encore plus, et cette luminosité intense exercerait une pression suffisante pour compenser sa gravité, et empêcher que de la matière supplémentaire ne tombe dedans.

La luminosité d'Eddington est proportionnelle à la masse du trou noir. Typiquement, pour un trou noir super-massif de l'ordre du milliard de masses solaires, elle est de l'ordre de 10^{40} Watts, tout à fait l'ordre de grandeur maximal observé pour les quasars. On pense donc que les quasars les plus lumineux correspondent à des trous noirs de quelques milliards de masses solaires, et rayonnent au maximum de leurs possibilités, donc à la luminosité d'Eddington. Le taux maximum d'accrétion de matière correspondant à cette luminosité, avec un taux d'efficacité de rayonnement de 10 %, est appelé taux d'accrétion d'Eddington.

S'il est alimenté, le trou noir peut croître indéfiniment, toutefois il existe une masse au-delà de laquelle la matière sera avalée sans qu'elle ait le temps d'émettre beaucoup d'énergie, sans que la galaxie hôte soit aperçue comme un quasar.

En effet, le rayon de l'horizon croît comme la masse, et la densité moyenne à l'intérieur de l'horizon décroît comme le carré de la masse. Lorsque cette densité égale la densité moyenne des étoiles, les forces de marée ne sont plus suffisantes pour détruire les étoiles, et celles-ci sont avalées entières par le trou noir. Leur destruction aura lieu après le point de non-retour de la lumière, donc le phénomène de quasar n'aura pas lieu. Cette masse limite (ou « masse de Hills ») est de 300 millions de masses solaires.

Il est facile de calculer approximativement le temps qu'il faut à un trou noir pour atteindre des masses de ce genre, qui sont couramment observées dans les galaxies.

En effet, de façon optimiste, on peut supposer en première approche que la densité de matière dans le centre d'une galaxie reste à peu près constante, et nourrit le trou noir, en tombant à une vitesse du même ordre que la vitesse de rotation de la matière autour du centre. Si l'on commence avec un trou noir de type stellaire, de l'ordre de 10 masses solaires, alors il faut un temps plus grand que l'âge de l'Univers pour qu'il atteigne la masse de Hills. On peut montrer que le taux d'accrétion de matière croît comme le carré de la masse, donc s'accélère au cours de la croissance. Le temps d'accrétion est typiquement inversement proportionnel à la masse du trou : plus le trou noir croît en masse, plus sa croissance s'accélère. Pour arriver à des masses suffisantes seulement un milliard d'années après le Big-Bang, il faudrait donc partir de graines déjà plus massives que les trous noirs stellaires typiques.

Notons que dans les phases du début de sa croissance, le facteur limitant la croissance du trou noir est simplement la densité de matière environnante, mais la luminosité, qui est proportionnelle au taux d'accrétion, croît aussi comme le carré de la masse.

Il arrivera donc un moment où la « luminosité d'Eddington », proportionnelle simplement à la masse du trou noir, va être atteinte. Le taux de croissance du trou noir sera alors plafonné. Cette phase où le noyau actif émet à la luminosité d'Eddington correspond à ce que l'on pense être la phase la plus visible des

NAG. Sa durée de vie est relativement courte, de l'ordre de 40 millions d'années. Cela est donc la durée d'un cycle actif de quasar.

PREMIERS TROUS NOIRS DANS L'UNIVERS JEUNE ET TROUS NOIRS DE MASSE INTERMÉDIAIRE

Pour que les trous noirs démarrent avec une masse importante, il faut apparemment qu'ils soient formés par les restes des premières étoiles, elles-mêmes supposées super-massives, appelées de population III (les objets de population I sont les étoiles les plus jeunes, et ceux de population II les étoiles vieilles dans les galaxies).

La durée de vie des étoiles étant une fonction fortement décroissante de leur masse, les étoiles de Pop III ont toutes disparu depuis longtemps. Ces étoiles auraient eu des masses bien supérieures à 100 masses solaires (Mo), donc bien supérieures aux étoiles massives d'aujourd'hui. Elles se seraient formées dans des petites galaxies de masse inférieure à un million de masses solaires.

Dans cette hypothèse, ces étoiles super-massives n'ayant pas encore d'éléments lourds ni de poussière, n'ont pas de vent stellaire ni de perte de masse. Au-delà d'une masse de 200-300 Mo, elles peuvent même s'effondrer en trou noir directement, sans éjecter leur enveloppe, comme les supernovæ aujourd'hui. Lorsque les petites galaxies ainsi formées fusionnent entre elles, il peut rester un trou noir de 100 000 Mo, provenant de la fusion de tous les trous noirs provenant des étoiles super-massives originelles. Déjà au tout début de l'Univers, à 1 % de son âge actuel, quasiment la moitié de toute la masse contenue dans les trous noirs massifs d'aujourd'hui était présente. Il a suffi que la deuxième moitié croisse autour de ces « graines ».

Le problème pour comprendre la croissance de ces trous noirs de masse intermédiaire, dont on ne sait pas encore si l'on peut en observer aujourd'hui, est qu'ils ne sont pas assez massifs pour se retrouver au centre des galaxies, et y sont répartis un peu partout.

En effet, c'est la friction dynamique qui fait tomber les trous noirs vers le centre des galaxies, et cette force est proportionnelle à la masse des trous qui tombent. Ce n'est qu'au-delà de quelques millions de masses solaires que l'on peut espérer trouver les trous noirs super-massifs au centre des galaxies.

Ainsi les trous noirs de masse intermédiaire vont parcourir leurs orbites au sein des galaxies sans se rencontrer, et ce n'est pas par fusion entre eux que l'on pourra obtenir des trous noirs super-massifs, mais pas accrétion de matière environnante, gaz et étoiles, ce qui peut être beaucoup plus lent selon la position de ces trous noirs.

Même lorsqu'une binaire de trous noirs a pu se former, la fusion des deux trous n'est pas automatique, et peut prendre du temps. Au départ les deux trous noirs se rapprochent par friction dynamique : leur énergie orbitale sert à éjecter des étoiles environnantes. Mais bientôt, il n'y a plus d'étoiles disponibles au voisinage de la binaire, et il faut attendre l'accrétion de gaz, qui va pouvoir rapprocher les deux trous jusqu'à une distance assez proche, pour que l'émission des ondes gravitationnelles prenne le relais.

Si un troisième trou noir rencontre la binaire, il peut y avoir éjection d'un des trous noirs dans l'espace interstellaire ou intergalactique.

D'après le scénario de formation hiérarchique, les galaxies géantes se forment en grande partie par fusion de galaxies plus petites, avec une échelle de temps de l'ordre du milliard d'années. Cette fusion s'accompagne de la fusion des trous noirs super-massifs qu'elles abritent en leur centre, si elles en ont, c'est-à-dire dans les phases finales de leur formation. Entretemps les trous noirs de masse intermédiaire se dispersent dans les disques de galaxies, et il est très vraisemblable que notre Galaxie par exemple en possède des centaines ou des milliers, selon leur masse.

Une grande partie des bulbes de galaxies se construit dans les fusions de galaxies, de même que les trous noirs fusionnent, et il n'est peut-être pas surprenant d'observer aujourd'hui une corrélation entre la masse des trous noirs et celle des bulbes. La masse des disques n'intervient pas dans cette relation. Peut-être est-ce dû à ce que les trous noirs de masse intermédiaire sont encore dispersés à travers le disque, et n'ont pas trouvé le chemin du centre pour devenir visibles et mesurables.

Il n'a pas encore été possible d'étendre la corrélation trous noirs/bulbes à des masses de bulbe plus petites. À ces masses devraient correspondre des trous noirs plus petits que quelques millions de masses solaires, et donc des trous noirs intermédiaires qui ne sont pas confinés dans les centres des galaxies.

Un des rôles importants que pourraient avoir ces trous noirs de masse intermédiaire formés juste après le Big-Bang, est de contribuer efficacement à la ré-ionisation de l'Univers.

Nous savons en effet que la formation des premières étoiles n'est pas tout à fait suffisante pour fournir tout le rayonnement ultraviolet ionisant, capable de ré-ioniser tout le gaz d'hydrogène diffus entre les galaxies. Le gaz d'hydrogène diffus qui remplit l'Univers s'est recombiné au début de l'âge sombre, 380 000 ans après le Big-Bang, lorsque la température du fond cosmologique tombe en dessous de 3 000 degrés.

L'hydrogène atomique absorbe très efficacement le rayonnement ultraviolet émis par les étoiles. Le rayonnement des premières galaxies qui se forment au début de l'Univers n'arrive pas à percer ce brouillard qui fait écran, et c'est pourquoi l'on parle de l'âge sombre.

Peu à peu pourtant, le nombre croissant d'étoiles arrive à ioniser des bulles de plus en plus grandes autour des galaxies, aidées par le rayonnement des premiers quasars. Lorsque les bulles se touchent et se croisent, certaines régions de l'Univers deviennent entièrement ionisées. Ce n'est qu'après un milliard d'années que la ré-ionisation est complète, comme le montre la figure 3.5.

L'époque de la ré-ionisation s'étale sur une longue période, comme les observations de quasars les plus lointains le montrent. C'est ainsi qu'on a pu détecter dans le spectre de certains quasars, remontant plus de 90 % de l'âge de l'Univers, des raies d'absorption de l'hydrogène si larges que tout le rayonnement du quasar était absorbé dans un large domaine de fréquence, correspondant à un large domaine de décalage vers le rouge, délimitant l'âge sombre. Cette découverte, au début des années 2000, fut la première preuve directe de l'existence de cet âge sombre jusqu'au décalage vers le rouge de $z = 6$.

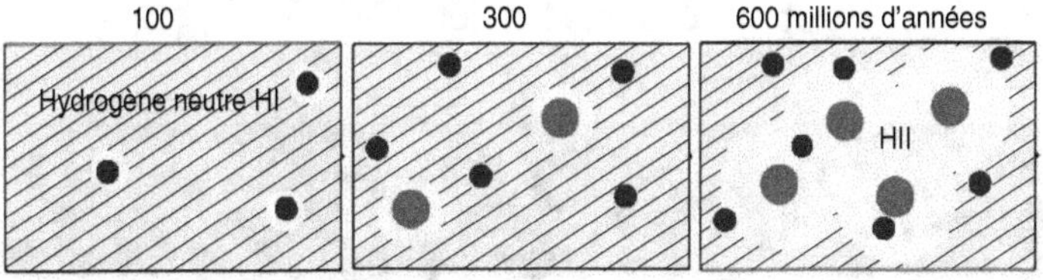

Figure 3.5 Représentation schématique de la ré-ionisation de l'Univers

À gauche, une région de l'espace presque entièrement remplie d'hydrogène atomique neutre (HI, représentée ici en jaune), avant la ré-ionisation. De premiers objets se forment, à environ 0.6 % de l'âge de l'Univers (100 millions d'années). Ces objets (en bleu sur la figure) sont des galaxies naines, et leur puits de potentiel est très peu profond. La température d'équilibre du gaz dans ces puits est inférieure à 10 000 degrés, et typiquement le gaz photo-ionisé par les étoiles va se recombiner. Mais l'hydrogène moléculaire dense qui s'était formé dans les puits va être photodissocié.

Au milieu, viennent ensuite des structures plus massives, représentées par les points rouges, vers 300 millions d'années. La température de ces structures est supérieure à 10 000 degrés, et le gaz ionisé va pouvoir commencer à s'étendre dans l'espace intergalactique.

À droite, vers 600 millions d'années après le Big-Bang, les régions ionisées (HII) autour des galaxies prennent du volume et se rejoignent, ionisant ainsi de grandes fractions de l'Univers. La fin de l'époque de ré-ionisation est proche.

TROUS NOIRS BINAIRES ET LEUR POSSIBLE OBSERVATION

Puisque, dans la théorie de formation hiérarchique actuelle, les galaxies assemblent leur masse par fusion, et que chaque galaxie possède un trou noir massif en son centre, chaque fusion doit s'accompagner de la fusion des trous noirs. C'est pourquoi la communauté scientifique a hâte de pouvoir détecter les manifestations de l'existence de trous noirs binaires, phase qui devrait précéder la fusion des trous noirs. La durée de vie de ces binaires de trous noirs fait l'objet de grandes incertitudes.

Il se pourrait que certaines manifestations de trous noirs binaires aient déjà été observées. Par exemple, l'existence de deux systèmes de jets radio, qui proviennent de deux quasars en interaction, est observée dans l'objet 3C75.

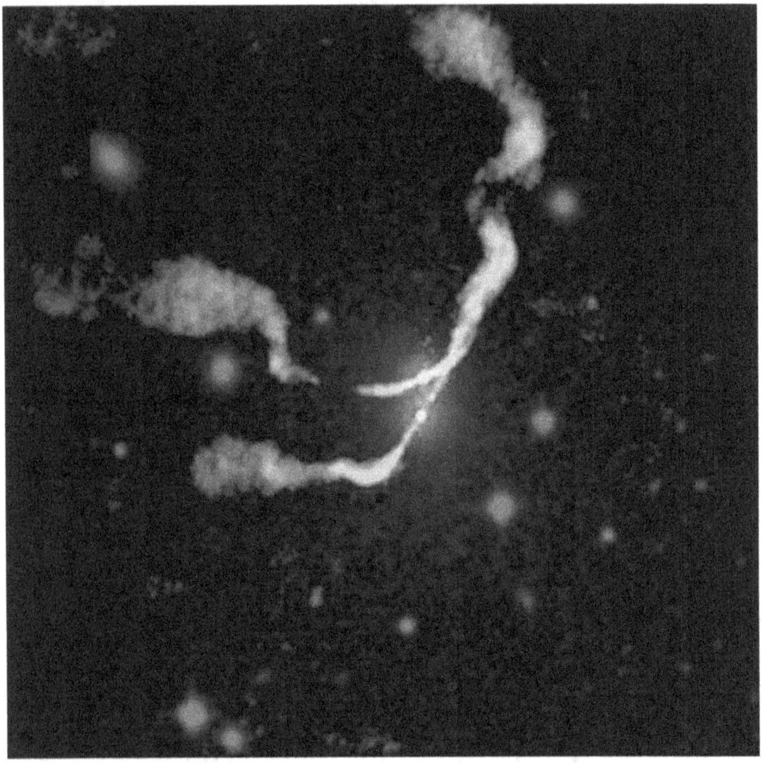

Figure 3.6 Source radio double, deux paires de jets et trou noir binaire en formation

La source radio 3C75 est constituée de l'émission radio synchrotron (en bleu) des jets radio provenant de deux galaxies au centre de l'amas Abell 400. L'image optique montrant les galaxies de l'amas est en rouge. Les deux paires de jets proviennent des trous noirs des noyaux des deux galaxies centrales. Ces galaxies se déplacent à grande vitesse dans l'amas, qui est rempli de gaz très chaud, émettant des rayons X. Cela équivaut à un vent intergalactique qui courbe les jets vers l'arrière, comme l'écharpe d'un coureur.

L'image de la source radio 3C75 reproduite figure 3.6 montre que cette double source évolue dans un amas de galaxies (Abell 400). Deux galaxies de l'amas sont en train de fusionner, et les deux contiennent un trou noir super-massif, dont l'alimentation en gaz produit l'éjection de jets de plasma, rayonnant dans le domaine radio par le « mécanisme synchrotron » (rayonnement des particules chargées accélérées, dans un champ magnétique). L'amas Abell 400 baigne dans une grande quantité de gaz chaud (une dizaine de millions de degrés) qui émet des rayons X. Les jets de plasma sont soumis à la pression dynamique du gaz très chaud, du fait du mouvement rapide des galaxies dans l'amas. En quelque sorte, les jets ressentent le vent de la course ! La morphologie similaire des jets provenant des deux galaxies prouve qu'elles sont liées dans une même course au sein de l'amas, et que la fusion est proche. Les simulations numériques indiquent que cette fusion de galaxies (et la fusion des trous noirs correspondants) pourrait survenir dans moins de 100 millions d'années.

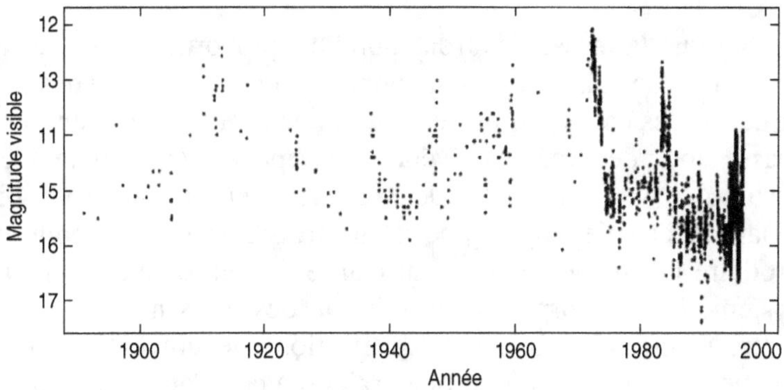

Figure 3.7 Courbe de lumière du quasar OJ 287, dans le domaine visible

Le quasar correspond sans doute à un trou noir binaire, et la période de rotation d'un trou noir autour de l'autre est détectée dans les variations de lumière du quasar. Cette courbe historique reproduit les variations de luminosité sur un siècle. On voit dans l'évolution récente des sursauts de période de 11,86 années (d'après Pursimo *et al.* 2000).

De même, certains jets radio qui s'enroulent de façon hélicoïdale révèlent des figures de précession caractéristiques de la rotation d'un des trous noirs dans une binaire. Une variabilité très régulière correspondant à la période de rotation d'un trou noir binaire, a aussi été suivie pendant près d'un siècle dans un objet très particulier, OJ 287. Le suivi de ces observations, comme le montre la figure 3.7, révèle des doubles pics d'intensité, avec une période caractéristique de 11-12 ans. Le mouvement correspond à des orbites képlériennes, et la masse qui peut être déduite pour chaque trou noir est de quelque cent millions de masses solaires. Une dizaine d'objets semblables, avec des périodes de variabilité optique comprises entre 2 et 20 ans, sont de bons candidats à des trous noirs binaires, et leur durée de vie attendue n'excède pas quelques centaines de millions d'années.

L'OBSERVATION DES TROUS NOIRS BINAIRES NOUS RENSEIGNERAIT SUR LA DÉMOGRAPHIE DES TROUS NOIRS

Le fait que la masse des trous noirs est proportionnelle à celle des bulbes de galaxies semble montrer que la croissance des uns et des autres est synchronisée, du moins qu'ils assemblent leur masse lors des mêmes événements, par exemple dans les fusions. Si la fusion entre deux galaxies produit un trou noir binaire, l'arrivée trop rapide d'une troisième galaxie pourrait produire un troisième corps au centre de l'ensemble. Mais un système à trois corps est instable, un des trous noirs risquant d'être éjecté. Certainement les éjections ne doivent pas être fréquentes, car elles compromettraient la croissance simultanée bulbe/trou noir.

Pourtant, le risque d'éjection lors de l'accrétion d'un troisième corps est grand. Ce troisième corps a de grandes chances de survenir : l'accrétion d'une troisième galaxie est fréquente, car les galaxies vivent en groupe. Pour éviter les éjections d'un trou noir par effet de fronde gravitationnelle, il faut que la durée de vie des trous noirs binaires soit suffisamment courte. Encore aujourd'hui, les mécanismes qui pourraient réduire la durée de vie des trous noirs binaires sont très mal connus.

Au début, la paire de trous noirs se rapproche en spiralant, en évacuant son énergie orbitale en éjectant des étoiles du centre des galaxies. Toutefois, lorsque les trous noirs ont fait le vide autour d'eux, ils manquent d'astres pour emporter l'énergie et le moment angulaire. On pense alors que le trou noir binaire n'est en fait pas stabilisé au centre des deux galaxies, mais effectue des oscillations aléatoires, qui lui permettent de rencontrer plus d'étoiles, et ainsi de coalescer plus rapidement. De plus, régulièrement, des bouffées de gaz interstellaire tombent vers le centre, et cette accrétion permet aussi à la paire de trous noirs de se resserrer. Finalement, la durée de vie des paires serait inférieure au temps moyen entre deux fusions de galaxies, ce qui éviterait d'éjecter des trous noirs super-massifs dans l'espace intergalactique, et de les perdre ainsi à jamais.

Notons que les trous noirs binaires sont des objets très recherchés pour tester les théories de gravité en champ fort, et aussi comme émetteur potentiel d'ondes gravitationnelles, qui pourront bientôt être interceptées par les nouvelles générations de télescopes, mais qui pour l'instant n'ont jamais été directement détectées.

ACTIVITÉ DES TROUS NOIRS : « *DOWNSIZING* »

Le phénomène paradoxal dans le scénario de formation hiérarchique des galaxies se retrouve ici pour les trous noirs. Rappelons ce phénomène. Alors que les halos noirs des galaxies ne font que croître au cours du temps, la formation d'étoiles et les phénomènes de réaction/suppression agissent pour stopper la formation des étoiles dans les galaxies les plus grosses, qui se sont donc toutes formées très tôt, il y a au moins 8 milliards d'années. C'est ainsi qu'aujourd'hui seules de petites galaxies peuvent se former.

L'observation des noyaux actifs de galaxies nous montre un scénario similaire.

Les phénomènes NAG très lumineux, associés aux trous noirs les plus massifs, ont tous eu lieu très tôt, seulement 3 milliards d'années après le Big-Bang, comme le montre la figure 3.8. Et l'activité des noyaux que nous pouvons observer localement concerne essentiellement les petits trous noirs tels que ceux qui sont associés aux galaxies de Seyfert, qui sont des galaxies spirales à petit bulbe, avec des trous noirs de masse 10^6 à 10^8 masses solaires.

C'est un phénomène paradoxal, qui semble contraire au scénario de formation hiérarchique des structures : les plus petites se formant d'abord, fusionnant ultérieurement pour former des grandes. Comment expliquer ce paradoxe ?

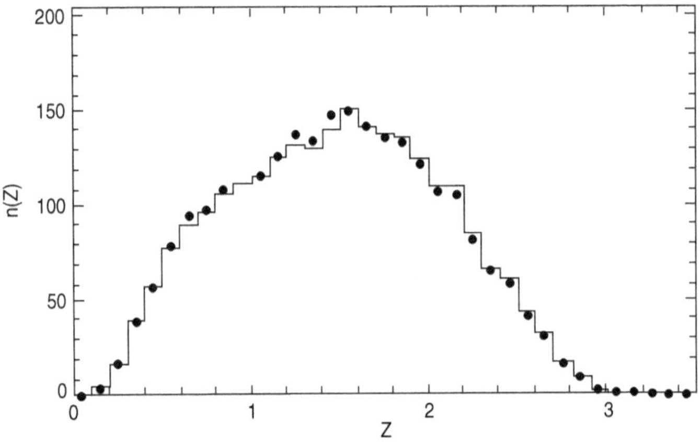

Figure 3.8 Distribution en décalage vers le rouge des 23 000 quasars du catalogue 2dF dont les spectres ont été obtenus avec le télescope de 4 m Anglo-Australien, par Croom *et al.* (2004).

Noter le pic du nombre de quasars entre les décalages vers le rouge $z = 1$ et 2.

La formation hiérarchique des structures concerne en fait la matière noire, c'est-à-dire les halos qui entourent les galaxies. Ces halos fusionnent progressivement, sans dissiper d'énergie, car la matière noire est sans collision. Aucun autre phénomène ne vient entraver les fusions successives, et les halos de taille galactique fusionnent pour former ensuite des groupes, et même des amas de galaxies. Dans ces grandes structures, les halos individuels des galaxies perdent progressivement leur identité pour fusionner dans un seul halo super-massif, celui de l'amas.

Ce n'est pas le cas de la matière visible (baryonique) des galaxies : les galaxies visibles gardent leur identité dans les amas de galaxies. Les vitesses relatives dans les amas sont si grandes que les interactions entre galaxies ne sont plus efficaces, et ne conduisent plus à des fusions de galaxies.

De plus, les galaxies perdent leur gaz interstellaire dans les amas de galaxies, par balayage : lorsqu'elles entrent à grande vitesse dans l'amas, la pression dynamique du gaz au repos dans l'amas est équivalent à un vent à grande vitesse qui éjecte le gaz interne aux galaxies. Celles-ci ne sont plus alimentées en gaz frais, car tout le gaz intergalactique a été chauffé lors de la formation de l'amas à de hautes températures, de plusieurs dizaines de millions de degrés. Les collisions entre galaxies ne sont plus alors très dissipatives d'énergie.

Les premiers halos sombres formés au début de l'Univers sont plus denses que ceux d'aujourd'hui. Cela est dû à l'expansion, qui fait décroître la densité moyenne de l'Univers. Pour qu'une structure puisse se découpler de l'expansion, sa densité doit être au moins deux fois supérieure à la densité moyenne de l'Univers, donc les structures formées sont de moins en moins denses au cours du temps. Une forte densité signifie que le temps d'évolution dynamique sera plus court. Tout se passe donc plus vite au début.

En outre, la quantité de gaz disponible dans les galaxies était bien supérieure au début de l'Univers, quand les étoiles ne s'étaient pas encore toutes formées. Étant donné que les amas de galaxies ne se sont pas encore formés, l'accrétion de gaz provenant des filaments cosmiques à l'extérieur des galaxies est encore abondante. Tout converge pour contribuer à une forte alimentation des trous noirs, et à leur croissance rapide. Même si les halos sombres ne sont pas très massifs, les galaxies visibles peuvent déjà être massives, tout comme leurs trous noirs super-massifs au centre.

Toutefois, cette haute efficacité dont font preuve l'assemblage de la masse et l'alimentation des trous noirs va très vite diminuer, et la densité des NAG très lumineux va chuter considérablement.

Bien entendu, les galaxies massives formées dans cette ère très active de l'Univers jeune subsistent aujourd'hui, mais elles se trouvent dans les régions sur-denses de l'Univers qui voient se développer les amas et superamas de galaxies. Leur alimentation en gaz se tarit très vite, et elles évoluent ensuite passivement, leurs étoiles vieillissent, elles n'accumulent qu'une quantité négligeable de gaz.

L'activité de formation de galaxies et de trous noirs ne va pouvoir subsister que dans les vides entre les amas, mais l'expansion a réduit les densités, allongé les temps dynamiques. Toute formation est plus lente, et moins de gaz est disponible pour les galaxies.

Celles qui se forment aujourd'hui sont de petites masses, et d'activité faible, à la fois en ce qui concerne la formation d'étoiles et l'alimentation des noyaux.

Se superpose à ce schéma général le fait que les fusions entre galaxies accroissent très fortement l'activité de formation stellaire et celle des noyaux, en provoquant la chute du gaz vers le centre des galaxies. Or l'ère la plus favorable pour l'interaction entre galaxies a eu lieu dans la première partie de l'âge de l'Univers, lorsque les groupes et les amas de galaxies se formaient, il y a 10 milliards d'années. La taille des structures qui se découplent de l'expansion ne fait que croître avec le temps, et aujourd'hui c'est le tour des superamas.

C'est à l'époque de formation des groupes et amas qu'ont eu lieu la majeure partie des fusions, grâce au rapprochement des galaxies dans ces grandes structures de matière noire. Lorsque l'amas est formé et relaxé, toute alimentation en gaz des galaxies sera stoppée et les trous noirs centraux seront au régime maigre ! Aujourd'hui le nombre de fusions a chuté d'un facteur 20 environ, par rapport à son maximum passé.

La figure 3.9 montre comment les modèles de formation de galaxies expliquent la formation plus efficace des galaxies massives et des NAG très lumineux de façon préférentielle au début de l'Univers.

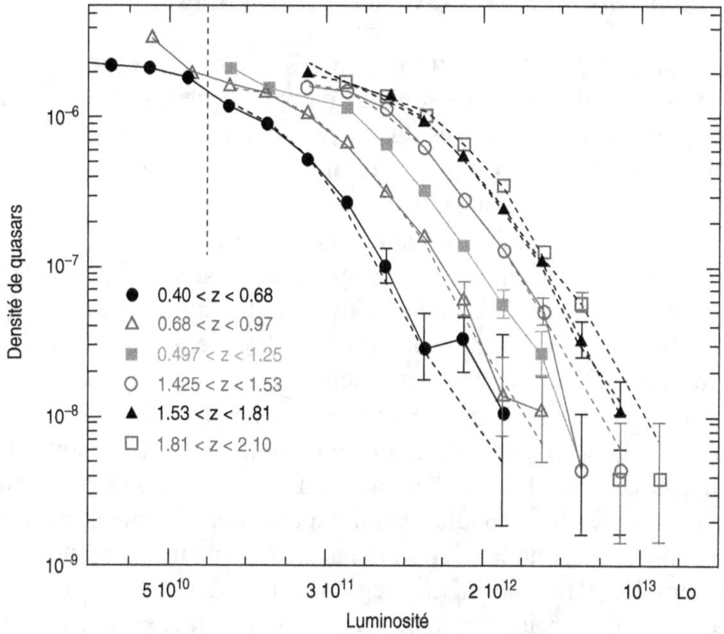

Figure 3.9 Fonction de luminosité des quasars

Distribution des quasars du catalogue 2dF en fonction de leur luminosité pour 6 intervalles de décalages vers le rouge indiqués sur le diagramme. Pour chaque intervalle de décalage vers le rouge, le nombre de quasars chute spectaculairement vers les fortes luminosités, de façon quasi exponentielle. Les lignes en pointillé représentent le meilleur modèle passant par les points d'observation.

Les diverses courbes se succèdent de façon monotone, les grands décalages vers le rouge correspondants à des courbes plus hautes, i.e. des densités supérieures, surtout à forte luminosité.

À grand décalage vers le rouge, les quasars lumineux sont donc plus nombreux. Dans les modèles, la croissance des trous noirs super-massifs, et donc leur rayonnement de quasar survient essentiellement pendant les fusions entre galaxies. La décroissance du nombre de quasars avec le temps est alors due à la réduction du nombre de fusions entre galaxies, mais aussi à la décroissance de la densité du gaz, et à l'allongement du temps dynamique (voir le texte pour plus de détails).

PHÉNOMÈNES D'AUTORÉGULATION

La grande corrélation entre masse des trous noirs et masse des bulbes de galaxies pose tout de même un certain nombre de questions, encore non résolues : ne devrait-il pas y avoir des situations où l'un croît plus vite que l'autre, ou bien où le trou noir est éjecté et la corrélation rompue ?

Il existe par exemple des sursauts de formation d'étoiles où la masse stellaire d'une galaxie augmente considérablement dans le noyau, alors que le trou noir n'est pas alimenté. Il y a alors des retards de croissance du trou noir, qui devraient nécessairement se rattraper dans une phase ultérieure.

Notons déjà que la masse des disques de galaxies n'intervient pas dans la corrélation : il manque certainement aux disques un puits de potentiel central permettant l'accumulation des trous noirs de masse intermédiaire, qui vagabondent à grande distance du centre, sans que la friction dynamique soit suffisante pour les rassembler dans la même région. Lors des interactions de galaxies, ces trous noirs peuvent être « épluchés » avec une partie des disques galactiques. Seuls les bulbes pourront se concentrer et accumuler les trous noirs.

Il existe aussi des observations faisant penser que la croissance concomitante des trous noirs et des galaxies souffre quelques exceptions. Par exemple, parmi les galaxies à noyaux actifs proches, les galaxies de Seyfert sont normalement caractérisées par des raies d'émission très larges de leur noyau ; mais une certaine classe a été mise en évidence récemment, les « galaxies de Seyfert à raies étroites ». De nombreux indices suggèrent que leur trou noir central est plus léger que dans les autres noyaux actifs :

- D'une part, l'étroitesse des raies spectrales, qui caractérise précisément ces objets : comme l'on connaît par ailleurs la taille de la région où ces raies sont produites (mesurée par des méthodes de réverbération de la lumière), la masse du trou noir central peut être déduite par application de l'équilibre dynamique.
- D'autre part la distribution de l'énergie en fonction de la longueur d'onde observée dans ces noyaux actifs particuliers

n'est pas celle que l'on attend d'un disque d'accrétion autour d'un trou noir très massif.

Le taux d'accrétion des trous noirs dans ces galaxies de Seyfert à raies étroites apparaît très supérieur à la normale. En effet, elles sont très lumineuses, pour une masse du trou noir relativement faible. La vitesse de croissance du trou noir, qui peut être calculée grossièrement en divisant la masse du trou noir par le taux d'accrétion, est très élevée. En d'autres termes, ces objets sont apparemment de jeunes noyaux actifs, dont le trou noir est en train de croître rapidement. Dans ces conditions, il est facile de comprendre que ces galaxies semblent ne pas suivre la même relation entre masse du bulbe et masse du trou noir que les autres, leurs trous noirs paraissant sous-massifs par rapport à leur bulbe, dont la croissance aurait eu lieu antérieurement. Cette phase, identifiée par les raies étroites, peut-elle être la principale phase dans l'histoire de la croissance cosmique des trous noirs ?

Statistiquement, la comparaison entre le faible nombre de galaxies possédant un noyau actif, et toutes les autres qui possèdent un trou noir central « silencieux », nous indique que la phase « active » est très brève dans la vie d'une galaxie. La durée de vie de cette activité et donc de l'accrétion de matière est estimée à environ 100 millions d'années. Parmi ces noyaux actifs, une fraction de 10 à 30 % serait actuellement dans la phase d'accrétion très rapide. Dans cette phase, la masse du trou noir croît d'un facteur 1 000 ! Dans le reste de sa période active, le trou noir croît de façon beaucoup plus faible : on parle de trou noir plus vieux.

Le dénombrement des noyaux actifs et les résultats statistiques de leurs taux d'accrétion n'a pour l'instant pu être obtenu dans le détail que pour des objets relativement proches, correspondant à la deuxième moitié de l'âge de l'Univers, depuis 7 milliards d'années. Dans la première moitié, tout porte à penser que la croissance des trous noirs a été encore plus rapide qu'actuellement.

ET SI C'ÉTAIT L'INVERSE ?

Enfin, il est possible qu'à l'inverse ce soit l'activité des trous noirs qui régule la formation des étoiles dans les galaxies.

Une fois l'activité du noyau déclenchée, des phénomènes très énergétiques propagent des rayonnements chauffant et ionisant le gaz aux alentours, stoppant son refroidissement et sa condensation en étoiles. Cette autorégulation peut rester confinée au centre de la galaxie, mais aussi se propager beaucoup plus loin, grâce à des jets de plasma émis par le noyau ou le disque d'accrétion. Ces jets, dont on a vu un exemple figure 3.6, peuvent se déployer bien au-delà du rayon d'une galaxie. Ils ne sont pas non plus toujours canalisés dans la même direction, mais par la précession due à plusieurs phénomènes, comme celle des trous noirs binaires, ou celle des instabilités dynamiques des disques d'accrétion, les jets s'orientent de façon intermittente dans des directions aléatoires, et même parfois dans le plan des galaxies !

La figure 3.10 illustre ces phénomènes d'autorégulation dus aux jets radio de la source Perseus A, qui perturbe considérablement le gaz autour de la galaxie centrale NGC 1 275. Ces phénomènes permettent peut-être d'expliquer une partie de la corrélation entre masse des trous noirs et masse des bulbes stellaires dans les galaxies.

POUR CONCLURE…

Durant toute la vie des galaxies, la masse s'accumule au centre, et va alimenter progressivement un bulbe plus ou moins massif, ou un trou noir super-massif. Ces trous noirs fusionnent peu après la fusion des galaxies parentes. La chute de la matière sur le trou noir, qui permet de le faire croître, est très rapide, et n'occupe que peu de place dans la vie d'une galaxie, de l'ordre de quelques pour cent, qui est aussi la probabilité de trouver un noyau actif dans une galaxie. Des phénomènes d'autorégulation lient étroitement bulbes et trous noirs, l'activité du trou noir pouvant aussi stopper l'apport de masse et la formation d'étoiles au centre.

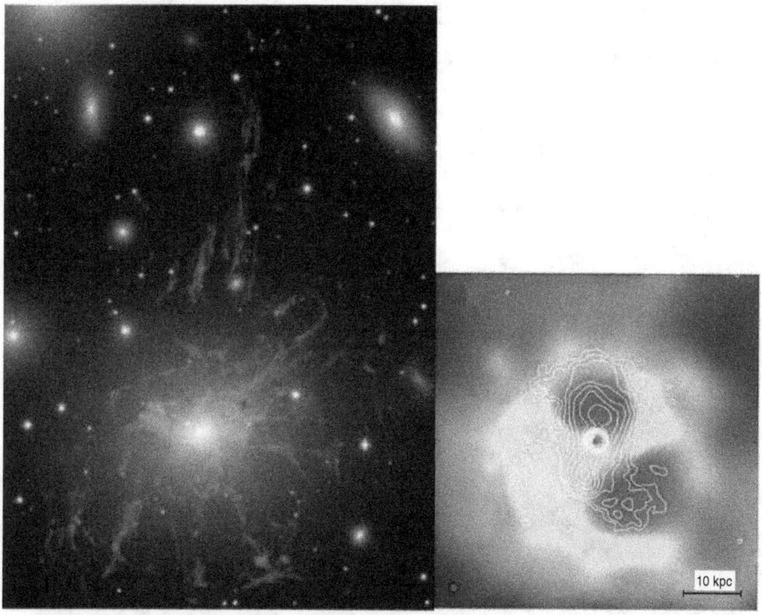

Figure 3.10 Phénomènes d'autorégulation dans l'amas de Persée

Illustration du phénomène d'autorégulation dû à des noyaux actifs, dans NGC 1275 (Perseus A), la galaxie centrale de l'amas de Persée. À gauche, photo optique avec l'image de l'émission du gaz ionisé (Halpha, d'après Conselice, 2005) superposée en rose. À droite, à la même échelle, l'image de l'émission en rayons X du gaz très chaud de l'amas (satellite Chandra, Fabian *et al.* 2000). Les contours superposés en blanc montrent l'émission des jets radio (Pedlar *et al.* 1999). Les cavités creusées par les jets radio dans le gaz chaud de l'amas sont très visibles ici, sur l'image de droite. Le plasma éjecté par le noyau actif au centre de la galaxie produit des bulles de gaz diffus qui montent par la poussée d'Archimède et retombent ensuite sur la galaxie, en filaments de gaz plus froid.

Chapitre 4

Scénarios de formation des galaxies

Comment se forment les galaxies ? Les facteurs essentiels sont la vitesse de l'effondrement des masses de gaz, leur quantité de rotation qui tend à former des disques, l'efficacité de formation des étoiles, et surtout l'environnement dont la richesse dépend des fluctuations initiales de densité, à grande échelle.

Plusieurs scénarios peuvent rendre compte de la formation des galaxies : l'effondrement monolithique, la croissance violente des galaxies par coalescence (scénario hiérarchique), ou la croissance plus douce par évolution séculaire. Chacun joue un rôle, plus ou moins important tout au long de l'évolution de l'Univers.

Plusieurs scénarios peuvent rendre compte de la formation des galaxies : l'effondrement monolithique, la croissance violente des galaxies par coalescence (scénario hiérarchique), ou la croissance plus douce par évolution séculaire. Chacun joue un rôle, plus ou moins important tout au long de l'évolution de l'Univers.

Les rythmes de croissance des galaxies sont très variés, selon l'environnement : les plus grosses croissent plus vite, dans les amas, et sont rapidement privées de gaz. Les espérances de vie des galaxies peuvent être très diverses. Aujourd'hui, les plus massives sont déjà mortes, c'est-à-dire ne forment plus de nouvelles étoiles.

FORMATION DES STRUCTURES : « *TOP-DOWN* » OU « *BOTTOM-UP* » ?

Le scénario actuellement le plus communément admis pour la formation des structures est le scénario hiérarchique selon lequel les premières structures qui se forment sont les plus petites, qui ensuite fusionnent pour former des plus grandes.

Il n'en a pas été toujours ainsi. Dans les années 1970-1980, deux modèles complètement opposés étaient en compétition :

- le modèle *« top-down »* envisageait que les plus grandes structures, amas et superamas se forment en premier, puis se fragmentent en galaxies ;
- le modèle *« bottom-up »* considérait que les petites structures se forment d'abord, puis fusionnent pour former les plus grandes. C'est ce modèle qui a été développé dans le scénario hiérarchique aujourd'hui.

Ces deux modèles se différenciaient par la nature des fluctuations primordiales, à partir desquelles se développent les structures. Au début de l'Univers, plusieurs modes de fluctuations peuvent être envisagés, en combinaison ou en isolation :

- Soit il existe des fluctuations de densité, correspondant à des fluctuations de potentiel gravitationnel, qui contiennent toutes les particules, y compris les photons. Elles s'accompagnent alors de fluctuations de pression et de température, de façon à garder une entropie constante. C'est pour cela qu'on appelle ce type de fluctuations adiabatiques. Dans ces fluctuations, le nombre de photons reste proportionnel au nombre de particules de matière.
- Soit, dans le mode isotherme, les photons ne suivent pas la matière, et ne fluctuent pas. La température reste donc constante. Ce mode était surtout pris en considération avant la mesure effective des anisotropies du fonds cosmologique.

Depuis qu'on a observé dans le fonds cosmologique micro-onde des fluctuations de température, les modèles « non-adiabatiques » les plus considérés sont les modèles de fluctuations iso-courbure, qui conservent la courbure, et où la masse est uniforme. La réalité pourrait être une combinaison de ces deux types de modes indépendants de fluctuations. Toutefois, les observations sont beaucoup plus conformes au modèle de fluctuations adiabatiques.

Il faut aussi rappeler que chaque type de fluctuations est associé à un type de matière noire : il peut exister soit une matière noire froide (*Cold Dark Matter* ou CDM), soit une matière noire chaude (*Hot Dark Matter* ou HDM). Le caractère « chaud » ou « froid » repose sur le critère de la vitesse moyenne qu'ont les particules lorsqu'elles se découplent du plasma primitif, où photons, baryons et matière noire sont en équilibre.

Les photons se sont découplés quelques minutes après le Big-Bang ; les neutrinos se sont découplés même avant les photons, et sont depuis relativistes (c'est-à-dire se déplacent à une vitesse proche de celle de la lumière). Les neutrinos sont donc les meilleurs candidats pour constituer la matière noire chaude. La conséquence de leur vitesse relativiste est que ces particules trop chaudes vont empêcher les fluctuations de matière à petite échelle de se concentrer par leur propre gravité.

En effet, les neutrinos, comme tout candidat HDM, n'interagissent pas avec la matière, et parcourent pratiquement les mêmes distances que les photons : ils ont un libre parcours moyen presque égal à l'horizon, et leur « pression » stabilise la matière sur ces échelles. Seules les échelles supérieures pourront s'effondrer sous l'influence de leur propre gravité. Ce phénomène, propre à tout candidat de HDM, explique la grande différence dans les modèles de formation de structures : dans les modèles HDM, les grandes structures sont les premières à s'effondrer, puis se fragmentent pour former les galaxies, alors que c'est le contraire dans les modèles CDM.

Les modèles *« top-down »,* dans lesquels les grandes structures apparaissent les premières et s'effondrent, sont appelés modèles en « crêpe » ou « *pancake* ». En effet, ils expliquent naturellement la structure en plans et filaments de l'Univers, car l'effondrement intervient à très grande échelle, lorsque la pression des baryons et de la matière est négligeable.

Imaginons en effet un champ de fluctuations aléatoires, avec une distribution de densité aléatoire. Si la probabilité de s'effondrer dans une direction particulière est par exemple 1/2, la probabilité de s'effondrer selon les trois axes simultanément n'est alors que de 1/8. En fait l'effondrement est non-linéaire, et très vite s'accélère. La matière va devenir très dense dans cette direction, ce qui va précipiter l'effondrement, qui va donc s'effectuer préférentiellement dans une structure plane, que l'on peut appeler une crêpe. Ces plans vont plus tard devenir des superamas de galaxies. À la croisée de ces plans, on peut trouver des filaments denses, et à la croisée des filaments des amas de galaxies.

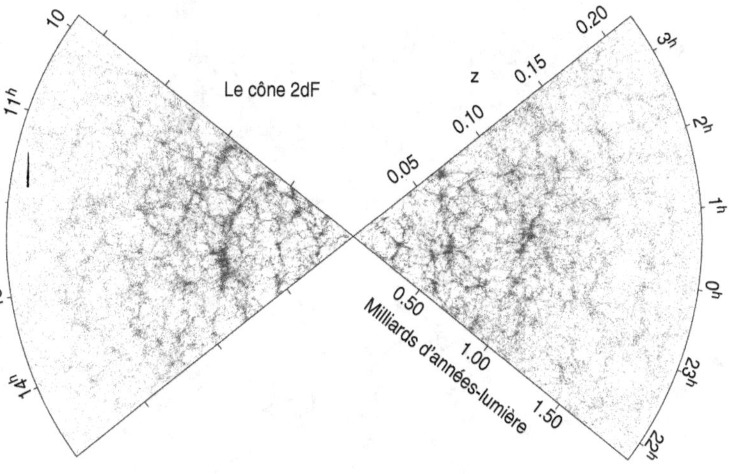

Figure 4.1 Cartographie à trois dimensions des grandes structures de l'Univers

En plus des deux dimensions dans le plan du ciel, la troisième dimension est obtenue par la mesure des vitesses ou décalages vers le rouge de 221 000 galaxies, ici dans le survey 2dF (« *2degree field* »), effectué sur un champ de 2 degrés dans le ciel, avec l'AAT (*Anglo-Australian Telescope*). Chaque point de cette carte est une galaxie, dont la vitesse donne la distance, qui est portée sur l'axe radial, en milliards d'années-lumière. La cartographie est complète jusqu'à 1,5 milliard d'années-lumière. Les galaxies sont distribuées en amas et superamas, le long d'une structure filamentaire, entourant des vides en forme de bulles, le tout ressemblant à du gruyère.

Lorsque l'on contemple les grandes structures de l'Univers, tracées par les galaxies (voir les cartographies 2dF et SDSS figures 4.1 et 4.2) ou mêmes les résultats de simulations numériques, on ne peut être que frappé par la structure filamentaire, ressemblant à un réseau de fils interconnectés, contenant beaucoup de vide. Les structures les plus étendues, appelées « Grands Murs » ont une taille comparable à celle des régions cartographiées, soit quelques pour cent de la taille de l'horizon (soit ~500 Mpc, figure 4.2).

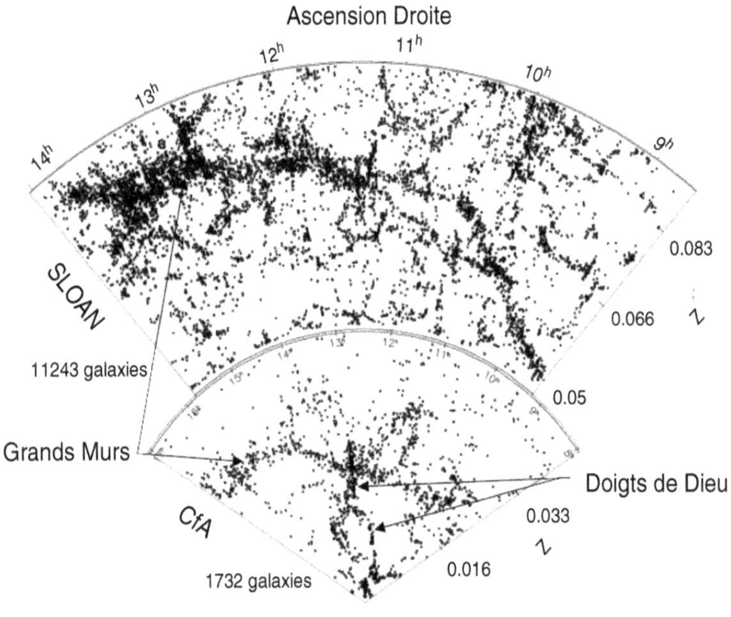

Figure 4.2 De grands murs de galaxies apparaissent en coupe

Sur cette figure sont comparées deux tranches d'Univers, l'une cartographiée par le relevé SDSS (*Sloan Digital Sky Survey*, tranche de 4 degrés, en haut) et l'autre par le CfA (*Center for Astrophysics*, tranche de 12 degrés, en bas). Les « Grands Murs » de galaxies sont de tailles toujours plus grandes dans les divers relevés, aussi grands que la taille de la tranche d'Univers explorée (d'après Gott *et al.* 2005). La tranche du CfA montre bien le phénomène des structures radiales qui ne sont que des filaments artificiels, dirigés vers l'observateur. Ces structures sont des artefacts, dues à des vitesses particulières, qui se superposent à l'expansion, appelées « doigt de Dieu », ici correspondant à l'amas de Coma.

FORMATION DES STRUCTURES PAR FUSION

L'observation des paramètres de l'Univers, notamment grâce à l'étude du fonds cosmologique de rayonnement micro-onde, a confirmé que nous étions bien dans un modèle « *bottom-up* », c'est-à-dire que les premières structures à se former sont les petites.

Le paradigme adopté par la plupart des astrophysiciens pour la matière noire est celui du CDM (*cold dark matter,* matière noire froide), qui fournit les bases du scénario hiérarchique de formation des structures de matière noire (figure 4.3).

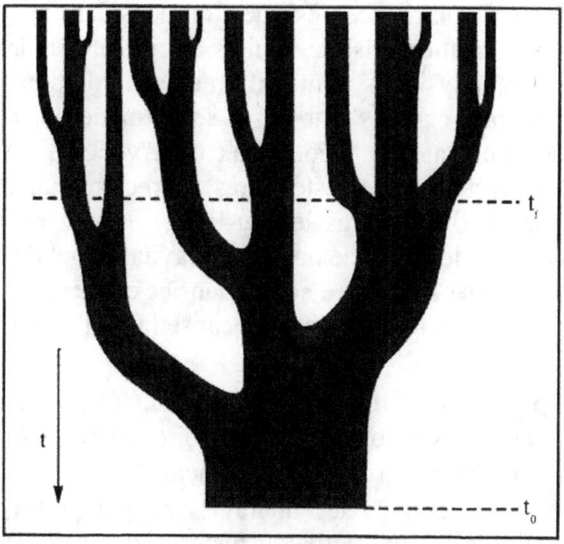

Figure 4.3 Représentation schématique d'un arbre de fusion, où un halo de matière noire correspondant à une galaxie comme la Voie Lactée (tronc de l'arbre en bas) se forme par fusion successive de halos plus petits

Le temps croît du haut vers le bas, et la largeur des branches de l'arbre représente la masse des divers halos qui vont fusionner pour donner le halo final. Les lignes horizontales en pointillé montrent le temps présent t_0 et le temps de formation t_f, défini comme le temps au bout duquel s'est formé un halo parent contenant au moins la moitié de la masse du halo final (d'après Lacey & Cole 1993).

La physique de la matière noire étant très simple, c'est-à-dire qu'elle n'a aucune interaction avec elle-même ou le reste de la matière autre que par les forces de gravité, les processus de formation sont relativement bien compris. Les simulations numériques qui ne traitent que de la matière noire ont un succès certain, surtout à grande échelle.

Elles sont absolument nécessaires dès que les perturbations deviennent non-linéaires, ce qui s'est produit très tôt dans l'Univers pour les petites structures (des galaxies se sont formées dès le premier milliard d'années), mais aussi plus tard pour les amas ou les superamas, qui se forment encore aujourd'hui.

La difficulté commence dès que l'on considère les baryons, c'est-à-dire la matière visible, étoiles et gaz interstellaire, dont les processus physiques sont extrêmement complexes. C'est bien regrettable, car il s'agit de la seule matière visible, qui permet de confronter la théorie aux observations. Le modèle standard considère que, juste après la recombinaison de la matière (380 000 ans après le Big-Bang), le gaz neutre a pu s'effondrer dans les puits de potentiel gravitationnel déjà formés à cette époque par la matière noire. Dans ce contexte, l'accumulation de matière dans les galaxies peut se faire d'au moins deux façons :

- D'une part, la matière coulant le long des filaments alimente par accrétion les halos de matière noire agissant comme des puits le long et à la croisée des filaments.
- D'autre part, les galaxies interagissent entre elles, perdent leur énergie orbitale relative et fusionnent. Les coalescences successives sont un moyen de construire les galaxies géantes.

L'efficacité des fusions est grande tant que les vitesses relatives des galaxies sont du même ordre que leurs vitesses de rotation interne, c'est-à-dire tant qu'elles ne font pas partie d'une structure supérieure bien plus massive, comme un amas de galaxies.

Aujourd'hui, les galaxies continuent à interagir et fusionner surtout dans les régions les moins peuplées, en dehors des amas riches de galaxies, mais à un rythme qui s'est considérablement réduit au cours du temps. Certainement l'âge d'or des interactions s'est produit lors de la formation des amas de galaxies, lorsque les vitesses relatives n'étaient pas encore trop grandes, en équilibre dynamique avec la profondeur gravitationnelle des amas.

PLUSIEURS SCÉNARIOS POUR LES GALAXIES

La formation des galaxies visibles pose deux problèmes :

– D'une part, quand ont été formées les étoiles qui les composent ?
– D'autre part, quand a été assemblé l'essentiel de la masse ?

Ce sont en effet deux questions qui peuvent être dissociées, car il est possible que fusionnent aujourd'hui des galaxies sans gaz interstellaire, donc sans formation d'étoiles. L'histoire de la formation d'étoiles peut être reconstituée pour des galaxies proches, résolues en étoiles individuelles, dans lesquelles on connaît la magnitude, les couleurs et autres paramètres de chaque étoile en particulier.

La technique de datation des populations stellaires par leurs couleurs peut être utilisée pour des systèmes qui ne sont pas résolus en étoiles individuelles, en moyenne. Mais elle connaît quelques limites, en particulier à cause de la confusion entre âge et métallicité des étoiles, pour une couleur donnée, et aussi par manque de séparation des âges importants.

Un des premiers scénarios concernant la formation des *galaxies spirales,* telles la Voie Lactée, a été proposé dans les années 1960. Il consiste en un effondrement progressif d'une sphère de gaz sous sa propre gravité. Sa vitesse de rotation augmente lors de sa contraction, par conservation du moment angulaire. L'effondrement est rapide, le gaz étant quasi en chute libre, mais il est ralenti tout de même par la rotation. L'effondrement s'effectue essentiellement dans la même direction que l'axe de rotation, et le gaz s'aplatit en un disque.

Le processus est suffisamment lent pour que les étoiles se forment au fur et à mesure de l'aplatissement du gaz. Les premières étoiles ont donc une forme sphéroïdale, sans trop de rotation, et leur morphologie correspond à l'état d'aplatissement du gaz à l'époque de leur formation. Ce scénario prédit un âge des étoiles croissant avec la distance au-dessus du plan du disque, ce qui semble être le cas pour la plupart des étoiles.

Le scénario a été proposé pour rendre compte du halo stellaire de la Galaxie, dans lequel l'abondance en métaux des étoiles semble être corrélée à l'excentricité des orbites, et à la hauteur au-dessus du plan. Il est logique que l'enrichissement en éléments lourds, provenant de la nucléosynthèse à l'intérieur des étoiles et du rejet par les vents et explosions stellaires, progresse au fur et à mesure que de nouvelles générations d'étoiles se forment plus près du disque. On constate en effet qu'aujourd'hui les étoiles jeunes se forment dans le disque mince (figure 4.4).

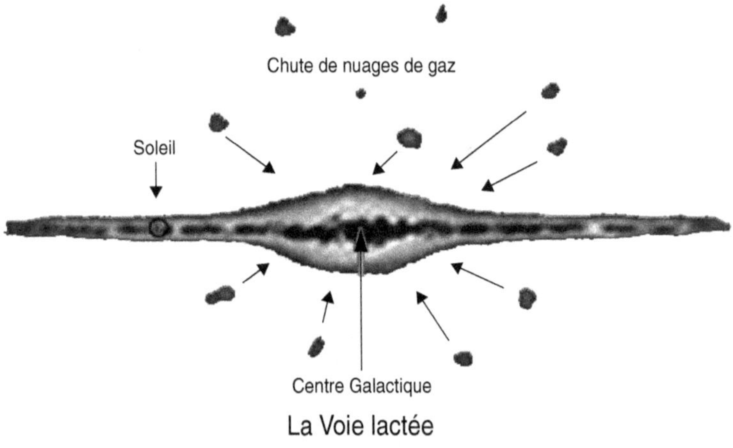

Figure 4.4 Représentation de la Voie Lactée avec son disque vu par la tranche, le Soleil se situant vers le bord du disque d'étoiles

La traînée noire correspond à la poussière, signature du disque mince et jeune. Dans le scénario d'effondrement monolithique, la sphère de nuages de gaz initiale s'effondre en chute libre pour former peu à peu le disque, et les étoiles qui se forment pendant l'effondrement conservent globalement leur morphologie sphéroïdale, et constituent le halo stellaire, où la métallicité est corrélée avec l'excentricité des orbites.

Cependant cet effondrement relativement rapide ne peut plus rendre compte de toutes les observations de la Voie Lactée aujourd'hui, et l'on doute de sa pertinence pour la formation de cette dernière. La taille du disque actuel est bien plus grande que celle du halo stellaire. Toutefois il se pourrait que cet effondrement ait pu jouer un rôle dans la formation du bulbe. Plus généralement, cette théorie de l'effondrement rapide, appelée effondrement monolithique, a été largement reprise pour expliquer la formation des sphéroïdes et galaxies elliptiques. Ce mécanisme est souvent évoqué pour rendre compte de l'observation à grand décalage vers le rouge (dans le premier milliard d'années de l'Univers) de galaxies elliptiques massives déjà en fin d'évolution. Ce scénario est en concurrence avec celui de la formation hiérarchique des galaxies par interaction et fusion, que nous allons décrire maintenant.

L'accrétion de galaxies satellites fut très tôt évoquée, dès les années 1970, pour expliquer quelques observations discordantes dans le halo de la Voie Lactée. Les amas globulaires, par exemple, sont des systèmes stellaires anciens, avec une abondance en métaux sans corrélation avec leur distance au centre.

L'accrétion aléatoire d'une série de protogalaxies, et l'accrétion ultérieure de gaz pour former le disque plus jeune, était un scénario permettant de mieux rendre compte des observations. Aujourd'hui, ce scénario a d'autant plus de succès que l'on découvre de plus en plus de courants d'étoiles de faible métallicité autour de la Voie Lactée, qui sont cohérents dynamiquement, et qui sont identifiés comme les courants de marée dus à la destruction de galaxies naines, compagnes de notre Galaxie. La galaxie naine du Sagittaire en est un exemple très représentatif (figure 4.5), de même que la galaxie du Grand Chien, etc.

Il se pourrait même que le halo stellaire de notre galaxie soit entièrement constitué de débris de galaxies voisines absorbées à différentes époques. Ce processus d'agrégation de la masse était certainement plus important dans le passé, vu l'augmentation avec le décalage vers le rouge du taux d'interaction et de fusion.

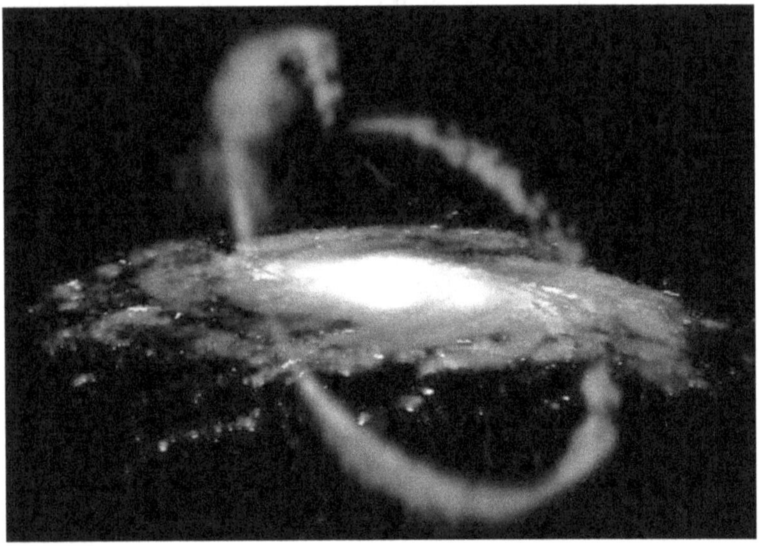

Figure 4.5 Vue d'artiste de notre Galaxie, la Voie Lactée, entourée d'un courant d'étoiles

De nombreux courants stellaires et débris de marée ont été découverts récemment dans le halo et autour de la Voie Lactée. Cette vue d'artiste montre le courant des étoiles qui viennent d'être « épluchées » de la galaxie naine du Sagittaire, et qui vont longtemps suivre son ancienne orbite autour de la Voie Lactée. Plusieurs traînées de débris de marée ont ainsi été identifiées, avec de faibles métallicités, montrant que notre Galaxie est encore en train d'absorber de nombreuses petites galaxies voisines.

La comparaison entre les deux précédents processus de formation, effondrement monolithique et scénario hiérarchique, est schématiquement représentée figure 4.6.

Dans le premier cas, la vitesse de formation d'étoiles est bien supérieure à celle du temps d'effondrement, et les étoiles se forment dans un système sphéroïdal ou une galaxie elliptique. Les sphéroïdes ou bulbes se forment avant le disque, contrairement au scénario hiérarchique, où les disques se forment d'abord, et où il faut attendre la fusion entre deux ou plusieurs galaxies spirales pour former un sphéroïde.

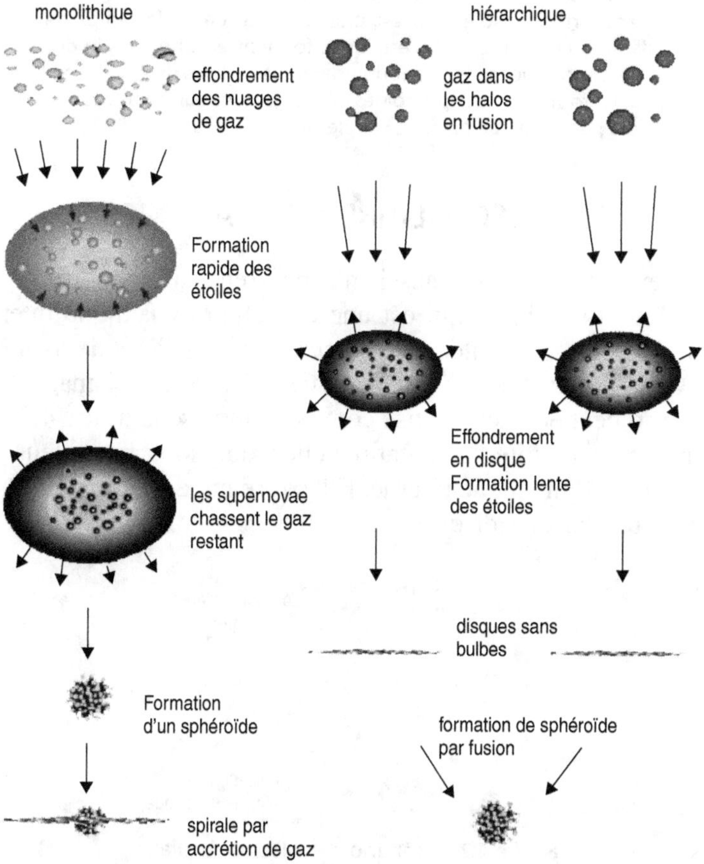

Figure 4.6 Comparaison entre deux des principaux scénarios de formation des galaxies, l'effondrement monolithique et la formation hiérarchique par fusion

À gauche, un ensemble de nuages de gaz s'effondre quasi en chute libre sous sa propre gravité. Le temps de refroidissement et de formation d'étoiles est comparable au temps de l'effondrement, de l'ordre de centaines de millions d'années, et des étoiles commencent à se former dans un système sphéroïdal, avant même que le gaz ait eu le temps de s'aplatir en un disque. Après contraction, et rejet du gaz par vents et explosions stellaires, une galaxie elliptique ou un bulbe sphéroïdal est formé, au bout de 1 à 2 milliards d'années. Ce scénario monolithique a besoin d'accrétion ultérieure de gaz pour former les disques de galaxies spirales.

À droite : le gaz s'effondre plus vite, et le temps de refroidissement/formation d'étoiles est plus long. Le gaz a le temps de s'aplatir en disque, et les étoiles se forment ensuite dans le disque. Les disques se forment donc avant les bulbes dans ce scénario. La formation de sphéroïdes ou de galaxies elliptiques se fait alors par fusion de galaxies spirales (d'après Ellis *et al.* 2000).

L'ÉVOLUTION SÉCULAIRE DES GALAXIES

Ces deux scénarios sont aussi en concurrence avec un troisième, l'évolution séculaire, qui est une évolution dynamique interne des galaxies, alimentée par l'accrétion régulière de matière provenant des filaments cosmiques dans le voisinage. Ce scénario peut être schématisé comme le montre la figure 4.7. Ce sont les instabilités gravitationnelles qui sont le moteur de l'évolution dynamique interne. Elles forment des bras spiraux et des barres dans les disques.

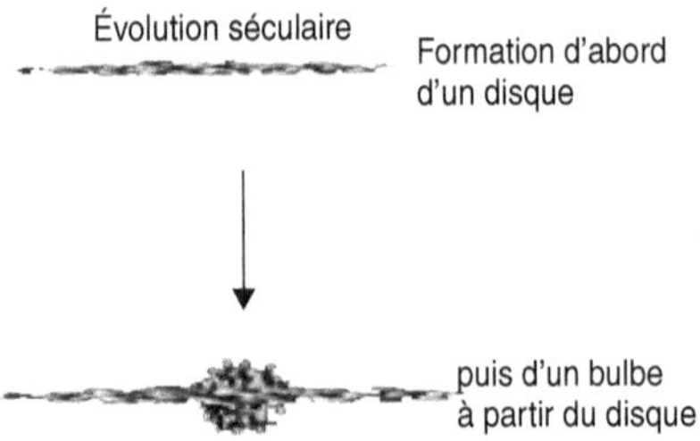

Figure 4.7 Scénario d'évolution séculaire

Un disque de gaz et d'étoiles est instable et forme des ondes de densité spirales et des barres. Ces asymétries font tomber la matière vers le centre. Par des effets de résonance entre la barre et les étoiles, celles-ci sont soulevées au-dessus du plan, et peuvent former un bulbe. Certains bulbes seraient ainsi formés à partir du disque. Ce processus peut être entretenu tant que la galaxie acquiert de la matière et du gaz de l'extérieur.

Les barres sont des ondes de densité qui rendent le disque non-axisymétrique. Il existe alors des forces tangentielles qui agissent sur le gaz, et permettent l'échange du moment angulaire. Lorsqu'une barre stellaire forte s'est établie dans le disque par instabilité, le gaz interstellaire va perdre son moment angulaire et tomber vers le centre.

L'effet immédiat est de produire une flambée de formation d'étoiles. Celle-ci est d'abord confinée dans un anneau nucléaire où le gaz s'accumule, par résonance dynamique avec la barre. Ce phénomène caractéristique donne lieu à de nombreux anneaux lumineux d'étoiles jeunes dans les galaxies barrées.

La matière peu à peu s'accumule au centre, les barres sont donc un moyen de concentrer la masse. Mais ce mécanisme s'autorégule. En tombant vers le centre, le gaz transmet son moment angulaire à la barre, ce qui l'affaiblit et la détruit peu à peu. Ce n'est qu'avec la reconstruction d'un disque plus fourni en gaz, par accrétion extérieure, qu'une autre instabilité en forme d'onde de densité barrée pourra continuer le processus.

La fréquence des barres dans les galaxies nous renseigne sur l'importance du phénomène. Dans les atlas de galaxies spirales photographiées dans le domaine visible, le pourcentage de barres avoisine les 2/3 (avec environ 1/3 de barres fortes et 1/3 de barres faibles). Mais ce pourcentage sous-estime la fréquence des barres, car la poussière, qui absorbe le rayonnement dans le visible, s'accumule vers le centre.

Dans les images proche infrarouge, où les effets de la poussière sont considérablement réduits, et qui donnent un aperçu plus fidèle de la masse du composant stellaire, environ 80 % des galaxies sont barrées actuellement.

Cette haute fréquence montre que le renouvellement des barres est assuré très efficacement dans les galaxies spirales. La quantité de gaz qu'une galaxie doit acquérir pour maintenir ces barres est considérable, de quoi doubler la masse de la galaxie dans un temps inférieur au temps de Hubble. La fréquence des barres révèle l'importance du scénario d'évolution séculaire, qui certainement agit en superposition aux deux autres scénarios (figure 4.8).

Quelle est la fréquence des barres au cours du temps ? Les premières galaxies étaient-elles déjà barrées tôt dans l'Univers ? La réponse est délicate, et demande une sensibilité et des qualités d'imagerie que les instruments actuels n'ont pas pour les galaxies très lointaines.

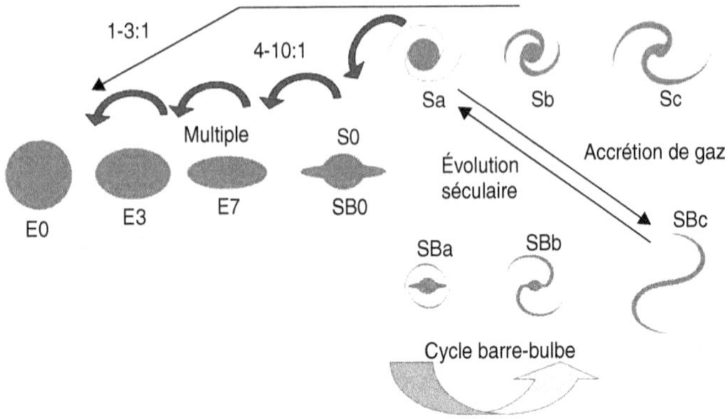

Figure 4.8 Évolution des galaxies selon la « séquence de Hubble »

Les scénarios possibles d'évolution des galaxies, combinant le scénario hiérarchique et l'évolution séculaire, sont reportés ici sur la séquence de Hubble, classification des galaxies selon deux branches qui fusionnent en une seule comme le fait un diapason. Une galaxie peut passer de la branche « normale » (en haut) à « barrée » (en bas) par instabilité gravitationnelle d'un disque froid (par exemple, juste après l'accrétion de gaz externe). La barre peut aussi se détruire, par flot du gaz vers le centre. Les résonances entre étoiles et barre peuvent engendrer la formation d'un bulbe. Le rapport bulbe/disque croît alors et les galaxies évoluent vers la gauche du diagramme. Après accrétion de gaz externe, le disque croît en masse, et l'évolution revient momentanément vers la droite. Enfin les interactions et fusions avec des galaxies voisines peuvent former des sphéroïdes plus massifs, et les galaxies évoluent alors vers la branche unique, à gauche du diapason de Hubble, à plus ou moins grande vitesse selon le rapport de masse entre les compagnons (rapide si le rapport est de 1:1 à 3:1).

Les premiers astronomes à s'attaquer à ce problème ont conclu un peu vite que les barres n'existaient pas à grand décalage vers le rouge. Les images dans le visible correspondaient en fait à l'ultraviolet pour les galaxies distantes, et même à notre époque, les barres ne sont pas visibles dans ces longueurs d'onde.

Mais en utilisant le domaine du proche infrarouge, qui correspond au domaine visible dans le référentiel des galaxies lointaines, et en ne comparant la fréquence que des barres suffisamment grandes par rapport à la résolution spatiale des télescopes, alors il s'avère que la proportion des barres est comparable dans les premières galaxies. C'est un résultat important, qui renseigne beaucoup sur les processus d'évolution. Les premières galaxies avaient beaucoup de gaz, et les barres devaient donc avoir une courte durée de vie, selon les processus dynamiques décrits plus hauts. Il fallait donc un fort taux d'accrétion de gaz pour reformer ces barres. Le scénario d'évolution séculaire a donc dû aussi jouer un rôle central dans le passé.

LES EFFETS D'ENVIRONNEMENT

Un facteur important dans l'évolution des galaxies est la densité de leur environnement. Dans un amas dense, les galaxies ont une évolution beaucoup plus rapide, se transforment en galaxies évoluées, elliptiques et lenticulaires, et stoppent leur formation d'étoiles bien plus tôt que dans le champ (c'est-à-dire à l'extérieur des amas).

Cet effet est connu depuis longtemps pour les galaxies locales, par observations de la morphologie des galaxies dans les amas proches comme Virgo, Fornax ou Coma, mais il est possible aujourd'hui de voir l'évolution se dérouler sous nos yeux, en observant des amas de galaxies à plus grand décalage vers le rouge. L'effet Butcher-Oemler, connu depuis une vingtaine d'années, est une augmentation du nombre de galaxies bleues dans les amas, lorsque leur décalage vers le rouge augmente. La couleur bleue de ces galaxies est due à un taux élevé de formation d'étoiles.

Il existait donc autrefois beaucoup plus de galaxies encore actives dans les amas, alors qu'aujourd'hui la majorité des galaxies sont elliptiques, de type évolué, dominées par les populations vieilles d'étoiles, sans gaz interstellaire.

La ségrégation morphologique des galaxies selon leur environnement est connue depuis une trentaine d'années. Les astronomes ont observé que dans les amas riches, près de 90 % des galaxies sont des elliptiques ou lenticulaires (sans gaz), alors que les spirales constituent près de 70 % des galaxies dans le champ, c'est-à-dire en dehors des amas.

Un débat très animé s'est développé et se déroule encore pour savoir si cette ségrégation provient de la transformation des galaxies par les effets de l'environnement, ou bien si les galaxies sont nées avec ces morphologies différentes dans les régions de l'espace correspondant à une surdensité de matière (c'est le débat « *nature or nurture* », que l'on peut traduire par « nature ou culture »).

Les effets dynamiques de l'environnement sont multiples et ont bien le pouvoir de transformer les galaxies. La forte densité de galaxies multiplie les collisions : que ce soit des rencontres relativement lentes entre galaxies, qui conduisent à des fusions, et à la transformation de spirales en elliptiques, ou des collisions rapides et répétées que l'on appelle « harcèlement galactique », qui entraînent une évolution séculaire, et une transformation vers des morphologies plus évoluées.

De plus, les amas ne sont pas seulement une accumulation exceptionnelle de galaxies, mais ils possèdent aussi une concentration de gaz intergalactique très chaud fortement émetteur de rayons X. Ce gaz chaud constitue même l'essentiel de la masse visible des amas denses ! Les galaxies se déplaçant à grande vitesse dans l'amas subissent la pression dynamique de ce gaz et le voient donc comme un « vent intergalactique » qui a le pouvoir de balayer leur milieu interstellaire. Le gaz des galaxies balayé et « épluché » par les interactions enrichit le milieu intergalactique, qui est de plus en plus dense. Non seulement les collisions transforment la morphologie des galaxies, mais ces dernières sont aussi privées de leur gaz par le vent, ce qui est un moyen très efficace pour stopper la formation d'étoiles.

Tous ces facteurs favorisent une évolution plus rapide des galaxies dans les amas, par rapport aux galaxies à l'extérieur des amas. Mais les amas eux-mêmes sont des structures dynamiques qui se constituent et se transforment progressivement.

Au départ, un amas en lui-même n'existe pas, mais des structures plus petites sont présentes, des groupes de galaxies plus ou moins gros. Il est donc probable qu'une partie de la transformation des galaxies a lieu dans des groupes, qui ont ensuite fusionné en amas.

Par exemple, les groupes compacts sont de petites entités de quelques galaxies, dont le puits de potentiel gravitationnel n'est pas très profond. Ainsi les vitesses entre galaxies ne sont pas très grandes par rapport à leur vitesse de rotation interne, et les rencontres de galaxies sont très efficaces pour amener à des fusions. Les fusions de spirales pour donner des elliptiques se sont en grande majorité déroulées dans ces groupes, alors qu'aujourd'hui, les vitesses relatives des galaxies dans les amas sont trop élevées, au moins cinq fois supérieures à leur vitesse de rotation, pour produire des fusions de galaxies.

En revanche, la fusion des groupes donne naissance aux amas très riches en gaz chaud intergalactique, qui est de plus en plus chaud, à proportion de la masse de l'amas et de la profondeur de son puits gravitationnel. L'alimentation en gaz froid des galaxies est alors stoppée, et la formation d'étoiles étouffée. Non seulement le gaz interstellaire est balayé par le « vent intergalactique », mais aussi les filaments de matière et de gaz qui alimentaient les galaxies dans le champ ont disparu. Le gaz chaud ne peut plus se refroidir et alimenter les galaxies : le temps de refroidissement du gaz est supérieur à l'âge de l'Univers, sauf au centre de l'amas, de forte densité, susceptible d'abriter un flot de gaz froid vers la galaxie centrale.

L'observation d'amas de galaxies à décalage vers le rouge de $z = 0.25$, correspondant à une remontée dans le temps de 4 milliards d'années, a permis de voir « directement » cette évolution. Non seulement le nombre de galaxies bleues, à formation d'étoiles, augmente en remontant dans le temps, mais augmente aussi la fraction de galaxies spirales, qui est tombée bien bas aujourd'hui (jusqu'à 10 % !). Le débat entre partisans de « *nature or nurture* » a beaucoup évolué, et la réponse est certainement très nuancée.

Sans doute l'environnement joue-t-il un rôle à la fois dans les transformations ultérieures des galaxies (qui se perpétuent encore aujourd'hui), et aussi dans le fait que les surdensités initiales, déjà gravées dans les fluctuations primordiales de l'Univers, sont le site de formation de nombreux groupes de galaxies, qui forment les elliptiques, et qui ont vocation par la suite à fusionner en amas.

Les galaxies spirales de champ, qui se forment entre les groupes, sont ensuite attirées par le puits de potentiel de l'amas, et ce sont elles qui sont à l'origine des galaxies bleues des amas à décalages vers le rouge intermédiaires : avant d'être privées de leur gaz par balayage et chauffage de leur réservoir de gaz environnant, le choc de leur entrée dans le gaz chaud de l'amas et les interactions avec les galaxies de l'amas déclenchent des flambées de formation d'étoiles.

BIMODALITÉ ENTRE GALAXIES ROUGES ET BLEUES

Les grandes cartographies du ciel, comme le grand catalogue de galaxies SLOAN (SDSS) ou 2dF (figures 4.1 et 4.2) grâce à leur grand nombre statistique de galaxies, ont mis en évidence une bimodalité très nette entre deux catégories de galaxies, séparées par leurs couleurs, et qui recoupent les classifications anciennes basées sur la morphologie de la séquence de Hubble. Il existe :

- une séquence de galaxies bleues, riches en gaz, avec une population d'étoiles jeunes ;
- une séquence de galaxies rouges, pauvres en gaz, dominées par une population d'étoiles vieilles.

Ces deux séquences rappellent bien entendu celles des spirales et des elliptiques (figure 4.9). Cette bimodalité est visible dans la fonction de luminosité des galaxies (les plus grosses et les plus lumineuses sont les « rouges »), et la masse stellaire limite M_{lim} qui sépare les deux séquences est d'environ 30 milliards de masses solaires. Notre Galaxie se situe environ à cette limite. La bimodalité sépare aussi les galaxies à taux de formation d'étoiles forts (les bleues) et faibles (les rouges), à rapport entre bulbe et disque élevé (les rouges) ou bas (les bleues), avec un environnement riche (les rouges) ou pauvre (les bleues).

Les galaxies de faible masse ou « bleues » sont en général des spirales formant des étoiles, dans le champ. Les plus massives, les « rouges » sont des elliptiques de populations vieilles, et situées dans les amas de galaxies. L'observation des galaxies à grand décalage vers le rouge montre qu'une grande fraction de la séquence « rouge » est déjà en place à $z = 1\text{-}2$, et qu'il existe des galaxies massives qui forment des étoiles plus tôt dans l'Univers, à $z = 2\text{-}4$.

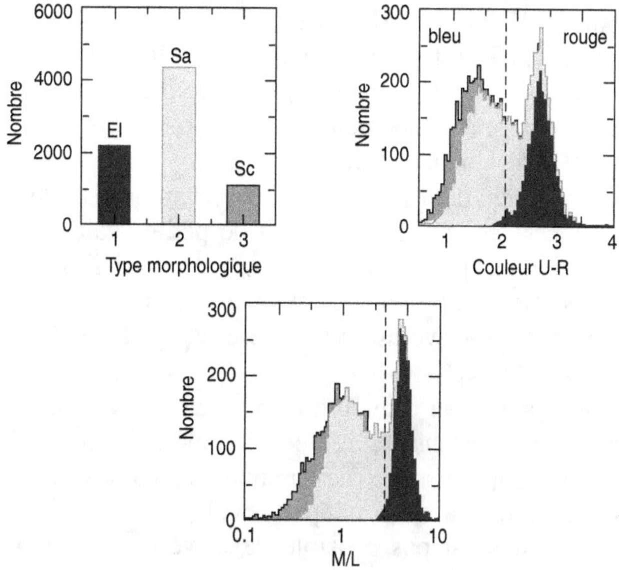

Figure 4.9 Bimodalité entre séquences de galaxies « bleues » et « rouges »

À gauche, les galaxies sont classées en Elliptique (remplissage continu), Sa (hachures croisées) et Sc (hachures simples). L'histogramme des mêmes galaxies en fonction de leur couleur (U-R, ou différence entre magnitude Ultraviolet et Rouge) montre clairement deux pics, et non pas une distribution continue. Le pic de droite, c'est-à-dire de couleur rouge, recouvre essentiellement les galaxies elliptiques et de type évolué (un peu de Sa), le pic de gauche exclusivement des spirales. À droite, l'histogramme des mêmes galaxies en fonction de leur rapport masse/luminosité du composant stellaire, montre encore clairement deux pics : à nouveau les elliptiques qui ont des étoiles vieilles peu lumineuses par unité de masse, forment l'essentiel du pic de droite (d'après Driver *et al.* 2006).

Comment expliquer ce phénomène paradoxal, que les seules galaxies actives aujourd'hui soient les plus petites ? N'est-ce pas en contradiction avec le scénario hiérarchique, qui voudrait que les petites galaxies se forment les premières, tôt dans l'Univers, puis fusionnent progressivement entre elles pour former aujourd'hui les plus grosses ?

Certains astronomes seraient prêts à abandonner le scénario hiérarchique, au profit de l'effondrement monolithique, qui aurait formé les galaxies massives et elliptiques d'un seul coup, au début de l'Univers. Mais cela n'est pas nécessaire, il est toujours possible (et probable) que les elliptiques massives soient le produit de la fusion de spirales formées elles aussi très tôt, dans des environnements riches, correspondant à des surdensités de l'Univers jeune.

À y regarder de plus près, l'observation paradoxale de galaxies massives actives très tôt et de petites galaxies actives aujourd'hui n'est pas si surprenante, surtout si l'on prend en compte les effets de l'environnement, et si l'on ne néglige pas le rôle important de l'évolution séculaire des galaxies, par accrétion de gaz externe.

En effet, la vitesse d'évolution peut être très variable selon l'environnement. Dans les régions initialement en surdensité, tout va beaucoup plus vite : les premières galaxies, même si ce sont des galaxies naines au départ, évoluent en 1 à 2 milliards d'années, et il n'est pas possible de le vérifier, sauf dans les simulations numériques, car la sensibilité des instruments actuels ne nous permet de détecter dans l'Univers très distant que des objets très massifs. Ceux-ci se forment essentiellement dans les régions qui vont former des amas de galaxies, et comme il a été décrit ci-dessus, les amas de galaxies sont très efficaces pour stopper l'évolution et étouffer la formation d'étoiles. Par contre dans le champ, l'évolution est retardée, c'est pourquoi les spirales et galaxies naines forment encore des étoiles, et cette évolution n'est pas encore stoppée par l'environnement.

Reste une question : pourquoi y aurait-il une bimodalité aussi marquée dans les couleurs des deux séquences de galaxies, au lieu d'une distribution continue ? Plusieurs hypothèses ont été développées, faisant intervenir la masse des halos de matière noire sous-jacente, et les phénomènes d'autorégulation, dus aux supernovæ ou aux noyaux actifs.

Dans une première hypothèse, la masse limite d'étoiles M_{lim} joue un rôle moins important que la densité surfacique des étoiles dans les disques galactiques. La séquence des galaxies « rouges », massives, est aussi une séquence de galaxies à forte concentration, et à forte densité surfacique d'étoiles (ou forte brillance de surface), comme le montre la figure 4.10. Ce qui sépare les deux séquences est la présence de plus en plus importante d'un bulbe ou sphéroïde dans la séquence « massive ». En fait, d'un côté, les galaxies sont dominées par leur disque, et de l'autre par leur sphéroïde. Les propriétés de formation stellaire sont donc associées à ces deux composants universels.

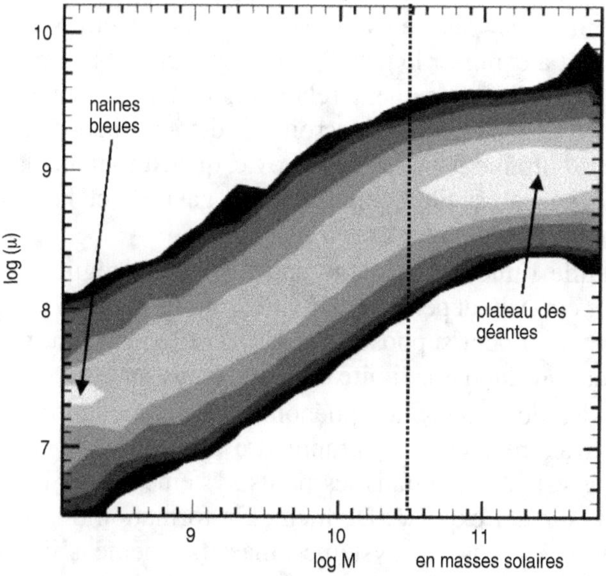

Figure 4.10 Les galaxies les plus massives ont une forte densité de surface, quasiment constante, alors que les naines ont une faible densité de surface

Dans ce diagramme log-log, est portée verticalement la densité de surface moyenne μ des étoiles d'une galaxie en fonction de la masse totale stellaire, horizontalement. Les contours quantifient le nombre de galaxies peuplant les diverses régions du diagramme, chaque contour représente un facteur 2 en nombre de galaxies. Il apparaît une densité de surface limite à droite, pour les galaxies massives et « rouges ». Le plateau de la densité μ s'arrête à la masse limite stellaire M_{lim} = 3 10 Mo, indiquée sur le diagramme par une ligne verticale en pointillé. La densité de surface décroît alors pour la séquence de galaxies « bleues » (d'après Kauffmann *et al.* 2003).

La taille des galaxies croît avec leur masse, mais pour les galaxies massives, au-dessus de M_{lim}, cette croissance est plus rapide. L'efficacité passée de formation d'étoiles est plus grande pour les galaxies massives, qui ont transformé leurs baryons plus rapidement en étoiles. En conséquence, la fraction de matière noire est proportionnellement plus grande pour les petites galaxies.

Le phénomène essentiel derrière ces relations vient très probablement de l'autorégulation des supernovæ. Pour les galaxies peu massives, l'efficacité de formation d'étoiles est très vite limitée, car les vents stellaires et les supernovæ arrivent facilement à expulser le gaz d'un système de faible masse, qui a une vitesse d'échappement relativement faible. Lorsque cette vitesse d'échappement s'accroît et devient supérieure à la vitesse d'entraînement des supernovæ, qui est toujours la même, alors le gaz n'est plus expulsé de la galaxie, et la formation d'étoiles peut continuer sans limite.

La taille limite du système entre ces deux régimes est mal connue, car cela dépend de la matière noire et de sa concentration, mais on peut supposer que la masse critique du halo noir survient pour la masse limite d'étoiles égale à M_{lim}.

Prendre en compte les phénomènes de régulation dus aux supernovæ permet de comprendre pourquoi la formation d'étoiles est retardée dans les petits systèmes, dans lesquels le gaz est souvent expulsé. De même, la formation d'étoiles peut être stoppée dans les systèmes massifs, même s'ils ne sont assemblés que tardivement : dans ces systèmes, les halos noirs étaient massifs dès le début, et ont retenu le gaz, qui a formé des étoiles très efficacement. Aujourd'hui, les systèmes de masse intermédiaire fusionnent, mais sans gaz, car ce dernier a déjà été transformé en étoiles. Les galaxies massives sont donc récentes, et n'ont pas l'âge de leurs étoiles.

Un deuxième point de vue est de penser que tant que le halo noir n'est pas assez profond pour chauffer par des chocs le gaz alimentant les galaxies, la formation d'étoiles peut continuer à se produire, comme dans les petites galaxies bleues.

Lorsque la masse est supérieure à une valeur critique, le gaz est chauffé par des chocs, son temps de refroidissement devient supérieur à l'âge de l'Univers, et le manque de gaz froid stoppe la formation d'étoiles. Ce point de vue revient à considérer que la masse limite est celle qui forme les amas de galaxies.

Cette argumentation repose essentiellement sur les processus baryoniques, qui contrôlent la formation d'étoiles. Il est reconnu depuis longtemps que les processus physiques de chauffage ou refroidissement du gaz sont fondamentaux pour expliquer les échelles caractéristiques des galaxies. Les halos de matière noire, eux, n'obéissant qu'aux lois de la gravité, n'ont pas d'échelle caractéristique, et leurs propriétés sont similaires sur une grande gamme d'échelles. Le temps de refroidissement du gaz étant une fonction croissante de la masse de la structure considérée, la masse limite supérieure que peut avoir une galaxie est établie en égalant le temps caractéristique de refroidissement à son temps caractéristique d'effondrement ou à l'âge de l'Univers.

Enfin, un troisième point de vue revient à considérer les halos noirs eux-mêmes. Lorsque l'on considère la figure 4.3, et la définition du temps t_f de formation d'un halo de masse donnée comme le temps où s'est formé un halo progéniteur contenant au moins la moitié de la masse du halo final, il est certain que les halos les plus gros se forment bien plus tard que les halos les moins massifs. Par contre, si l'on veut prendre en compte tous les progéniteurs capables de former des étoiles, il faut considérer une masse minimum des sous-halos, disons M_{min}, pour que le gaz puisse se refroidir et se condenser en étoiles. Dans ce contexte, il faut sommer la masse « utile » de tous les progéniteurs qui ont pu contribuer à un instant *t* à la formation d'étoiles. Comme la valeur de M_{min} est universelle, et non proportionnelle à la masse du halo final considéré, cette valeur sera presque négligeable pour les halos massifs. Par contre elle sera un élément limitant pour les faibles halos. En quelque sorte, les halos massifs ont déjà tous leurs progéniteurs pratiquement en « masse utile », permettant la formation d'étoiles, très tôt dans l'Univers, alors que les faibles halos doivent attendre une époque plus récente. Dans ce sens, les halos massifs, même s'ils ne sont pas encore complètement assemblés aujourd'hui, ont déjà réuni toutes leurs étoiles à grand décalage vers le rouge, ce qui correspond aux observations.

LE CAS DES ELLIPTIQUES NAINES, OU NAINES SPHÉROÏDALES

Une classe de galaxies semble poser un problème dans ce schéma d'évolution. Ce sont les galaxies de petite masse, mais qui ont déjà perdu tout leur gaz interstellaire, et n'évoluent plus. Comment les raccorder au classement résultant des tendances des théories actuelles :

– d'un côté, les petites galaxies, possédant encore une grande fraction de gaz, et formant des étoiles activement, avec un petit rapport bulbe/disque (séquence des galaxies bleues) ;
– de l'autre, les galaxies plus massives, pauvres en gaz, ne formant plus ou peu d'étoiles, dominées par leur sphéroïde concentré (séquence des galaxies rouges) ?

Où classer les galaxies de faible masse, qui ont pourtant une morphologie sphéroïdale, pauvre en gaz et en jeunes étoiles ? Ces galaxies sont de deux sortes :

– leurs étoiles peuvent être très concentrées (elliptiques naines compactes) ;
– ou très diffuses (naines sphéroïdales).

Ces galaxies naines dépourvues de gaz sont observées dans des contextes très particuliers.

Les naines compactes sont en particulier relativement rares, et toujours observées comme satellites de plus grandes galaxies. Un exemple typique est la galaxie M32, compagnon rapproché de la galaxie d'Andromède M31.

Il existe aussi une catégorie de naines appelées ultracompactes, ou UCD (*Ultra Compact Dwarfs*). Ces dernières sont toujours observées dans les amas de galaxies : découvertes dans l'amas de Fornax, elles existent aussi dans l'amas de la Vierge. D'après leurs dispersions de vitesses, elles ne semblent pas baigner dans un halo de matière noire intrinsèque, mais font partie uniquement du halo plus grand du compagnon ou de l'amas. Plusieurs hypothèses ont été débattues quant à leur origine : certaines pourraient être des galaxies spirales, dont le disque aurait été détruit ou épluché par des interactions de marée avec les galaxies voisines, le gaz aurait pu être balayé par les vents intergalactiques dans les amas. Les UCD ressemblent à des amas globulaires d'étoiles, tout en étant 100 fois plus lumineux. Ils forment une transition entre amas globulaires et noyaux de galaxies pour beaucoup de propriétés. Certains ont une couleur plutôt rouge, d'autres sont bleus. Mais dans tous les cas, ils sont dominés par une population d'étoiles vieilles.

Outre l'hypothèse qu'ils constituent le noyau d'une plus grande galaxie au disque détruit, on s'est demandé s'ils pourraient être le produit de l'agglomération de plusieurs amas géants d'étoiles, qui se forment lors des fusions de galaxies. Une fois la fusion terminée, ces agglomérats seraient libérés dans l'espace intragalactique. Contrairement aux amas globulaires, les UCD ne sont pas observés au voisinage d'une galaxie parente, mais orbitent au sein des cœurs des amas riches de galaxies.

Les naines sphéroïdales, ou galaxies à faible brillance de surface, sont plus nombreuses ; dans le groupe local une trentaine d'entre elles ont été identifiées, autour de la Voie Lactée ou d'Andromède, la plupart récemment, car ce sont des systèmes très dilués, très difficiles à détecter sur le fond d'étoiles de notre Galaxie. Ces galaxies naines entreraient plus facilement dans la classification bimodale décrite plus haut, si elles étaient pourvues de gaz. Il est tentant de penser que ce sont des objets qui ont perdu leur gaz, à cause de multiples interactions, ou à cause de la pression dynamique à la traversée à grande vitesse d'autres milieux gazeux.

Ce sont des systèmes à grand rapport masse/luminosité, qui semblent donc posséder un halo de matière noire important. Pourtant ce rapport croît à proximité de la galaxie géante voisine, ce qui suggère des effets de marée, qui pourraient artificiellement augmenter la masse noire déduite de la cinématique.

En effet, les étoiles dans les débris de marée ne seraient plus liées à la galaxie naine, et pourraient révéler des vitesses très grandes. L'histoire de la formation d'étoiles de ces systèmes est bien connue, car ils sont résolus en étoiles individuelles, étant donné leurs faibles distances. Bien qu'ils soient dominés par des populations d'étoiles vieilles, certains montrent des épisodes plus récents de formation d'étoiles (âge intermédiaire), mais aucun ne forme des étoiles aujourd'hui. Les modèles dynamiques supposent que l'interaction de marée répétée avec la galaxie géante dont elles sont les satellites pourrait expliquer la transformation de galaxies spirales en naines, et l'origine des naines sphéroïdales.

La disposition géométrique des diverses galaxies satellites ne semble pas complètement isotrope au voisinage des galaxies géantes. Par exemple, comme le montre la figure 4.11, elles semblent appartenir à un plan, qui est presque perpendiculaire au plan de la Voie Lactée. De même autour d'Andromède, les compagnons semblent orbiter dans un plan très incliné par rapport au disque de M31.

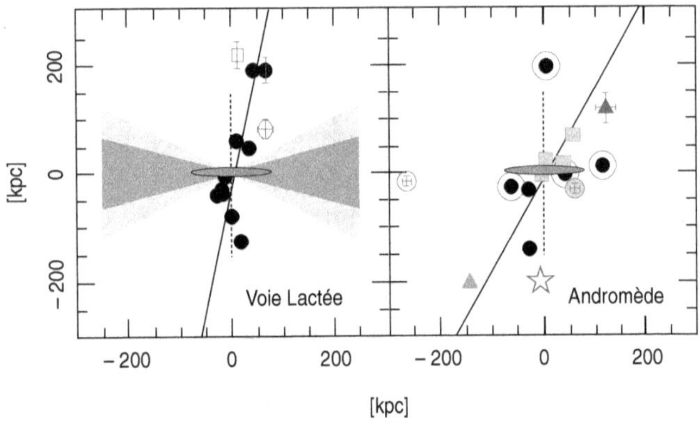

Figure 4.11 Distribution des galaxies naines satellites de la Voie Lactée (à gauche) et de la galaxie d'Andromède (à droite)

Les galaxies géantes sont vues par la tranche, et disposées horizontalement, symbolisées par les ellipses vertes aplaties ; les portions grisées à gauche montrent les régions du ciel obscurcies par la poussière de la Voie Lactée. Les symboles sont les satellites les plus importants, qui s'alignent dans un plan, dont l'orientation est aussi présentée par la tranche sur ces schémas. Ces plans pourraient représenter le filament local de matière, auquel sont associées les galaxies géantes. L'échelle est en kiloparsec (d'après Metz *et al.* 2006).

Cette disposition nous renseigne-t-elle sur leurs origines ?

Une hypothèse serait que les galaxies naines soient elles-mêmes formées à partir des débris des interactions de marée qui ont donné naissance aux galaxies géantes du groupe local. Cela expliquerait leur orientation non aléatoire, mais elles sont trop nombreuses.

Une hypothèse plus probable est que les galaxies satellites soient orientées selon les filaments cosmiques, là où se forment toutes les galaxies dans les simulations numériques, et dont l'existence semble confirmée par les grandes cartographies de galaxies (figures 4.1 et 4.2). L'orientation des plans de galaxies géantes presque perpendiculairement aux filaments est en effet reproduite par les simulations. Cette orientation « garde le souvenir » du moment angulaire original des disques de galaxies en rotation. En revanche, après plusieurs fusions de galaxies le long des filaments, les groupes ou galaxies elliptique géantes s'orientent parallèlement aux filaments.

La douzaine de galaxies naines sphéroïdales au voisinage de la Voie Lactée peut apparaître comme un nombre important. En fait, ce nombre est considéré comme très insuffisant par la théorie actuelle de matière noire CDM et de formation hiérarchique des structures.

En effet, les simulations numériques effectuées dans ce cadre prédisent toutes l'existence de plusieurs centaines de petits halos noirs de ce type, qui auraient dû donner lieu à des galaxies naines, autour de notre Galaxie, comme nous le verrons plus en détail dans le chapitre suivant.

Il semble donc que, à l'échelle d'une galaxie comme la nôtre, notre vision de la formation des galaxies soit encore très loin de coïncider avec les observations.

Chapitre **5**

Le problème de la matière noire

La matière noire joue un rôle crucial dans la formation des galaxies. La nature même de cette matière et de son interaction avec les autres particules détermine la proportion de grandes et petites structures qui vont pouvoir se former dès le début de l'Univers.

Le modèle de matière noire froide « CDM » rencontre d'éclatants succès dans la distribution des structures à grande échelle. Par contre, des difficultés surviennent à l'échelle des galaxies.

Quels sont les rapports entre matière noire et matière visible ? Les deux matières évoluent ensemble dans les grandes structures, mais au niveau des galaxies, le parallélisme s'estompe, pour faire place à un biais. Afin de mieux comprendre ces évolutions différentes, les relations d'échelle et les propriétés physiques des galaxies sont observées en fonction du décalage vers le rouge.

S'il s'avère impossible de résoudre les problèmes actuels du modèle cosmologique standard par une meilleure connaissance de la dynamique du gaz et de la formation d'étoiles, devra-t-on avoir recours à d'autres hypothèses plus drastiques, comme le changement de la loi de la gravité ?

STRUCTURATION À GRANDE ÉCHELLE : LES SUCCÈS DU MODÈLE DE MATIÈRE NOIRE FROIDE CDM *(COLD DARK MATTER)*

Comme nous l'avons vu au chapitre 1, la formation des structures par effondrement gravitationnel a été très lente dans l'Univers jeune, à cause de l'expansion qui éloignait les diverses masses les unes des autres. La présence de la matière noire non-baryonique permet aux structures de commencer à se former plus tôt, et donc de donner plus de temps à l'effondrement : c'est ainsi que l'on peut expliquer la présence des galaxies aujourd'hui. Cette matière noire n'est pas seulement nécessaire pour expliquer la masse manquante dans les galaxies et les amas, mais a un rôle profond à jouer.

La mesure quantitative du fond micro-onde cosmologique (rayonnement vestige du Big-Bang) a permis de déterminer l'amplitude des fluctuations primordiales de densité, à l'époque de la dernière diffusion des photons, lorsque la matière baryonique s'est recombinée, se transformant de plasma en hydrogène atomique neutre vers 400 000 ans après le Big-Bang.

Ces fluctuations sont si petites, en valeur relative de la densité, qu'elles ne pourraient pas donner naissance à des galaxies aujourd'hui, si la matière n'était faite que de baryons. Ces derniers sont ionisés pendant les premières centaines de milliers d'années après le Big-Bang, et restent couplés aux photons, dont la pression empêche l'effondrement des structures. Les baryons ne peuvent participer à l'effondrement qu'après la recombinaison des ions en gaz neutre, qui survient 300 000 ans après le Big-Bang.

Il est absolument nécessaire que ces fluctuations se développent plus tôt, dans un milieu qui n'interagit ni avec les photons ni avec les autres composants de l'Univers, si ce n'est par les forces de gravité. Ce milieu a été nommé « matière noire ».

Les fluctuations ont pu se développer dès l'époque d'équivalence rayonnement-matière, à partir du moment où la densité de matière de l'Univers a pris le dessus sur celle des photons (correspondant au décalage vers le rouge $z \sim 3\,200$), ce qui est arrivé 70 000 ans après le Big-Bang. Les fluctuations ont pu alors être multipliées par un facteur 3 au moins, par rapport aux fluctuations des baryons.

La distribution en fonction de l'échelle (ou de la masse) de ces fluctuations est une prédiction de la théorie de l'inflation (période d'expansion très rapide juste après le Big-Bang), qui jusqu'à présent est compatible avec les observations.

Cette distribution est représentée par son spectre de puissance $P(k)$ (comme dans la figure 5.1), en fonction de la fréquence spatiale k, qui est l'inverse de l'échelle λ considérée ($k = 2\,\pi/\lambda$). Cette fonction $P(k)$ représente en quelque sorte l'amplitude des fluctuations à cette échelle. Le spectre prédit par l'inflation est bien observé avec les satellites COBE ou WMAP, à très grande échelle (faibles k). De l'autre côté du spectre, à petite échelle, la distribution s'inverse. La pression des photons va empêcher la croissance des fluctuations de densité. Les fluctuations ne sont pas affectées tant que leur taille est supérieure à l'horizon. Celui-ci est très petit au début de l'Univers, étant proportionnel à son âge. Une fois que les structures entrent dans l'horizon, elles stoppent leur croissance, du moins avant l'époque d'équivalence entre matière et rayonnement. Le manque de croissance des petites échelles, par rapport aux grandes, infléchit le spectre de puissance $P(k)$ vers les grandes valeurs de k (ou petites échelles).

Cette distribution de l'amplitude des structures en fonction de l'échelle prédite par la théorie et confirmée par les simulations numériques cosmologiques, correspond remarquablement aux observations, réunies à différentes échelles par divers moyens (figure 5.1).

Des plus grandes aux plus petites échelles, le fond micro-onde cosmologique, les grandes cartographies de galaxies, la distribution des amas de galaxies, l'observation du réseau de filaments de matière par absorption du gaz intergalactique, toutes ces observations concordent pour reproduire le spectre de puissance infléchi aux petites échelles.

Cet accord est un succès pour le modèle de matière noire froide CDM, associé à la constante cosmologique Λ.

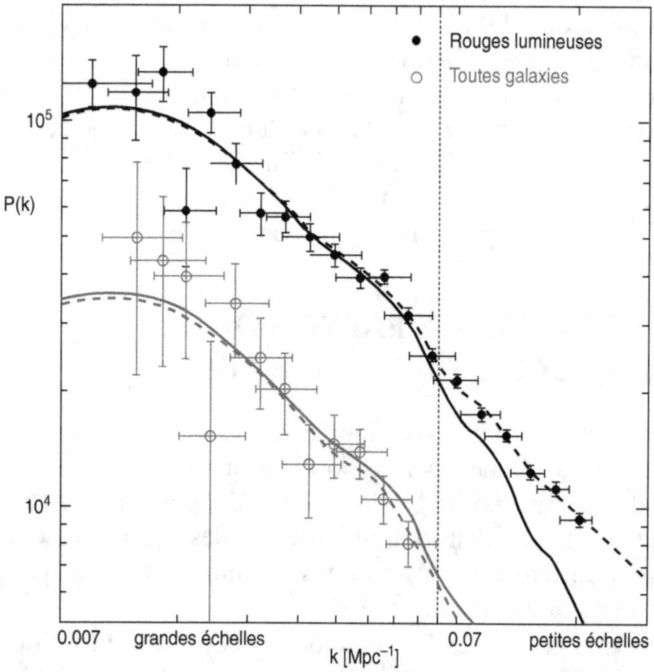

Figure 5.1 Amplitude des fluctuations en fonction de leur taille

L'un des succès du modèle CDM est de prédire la distribution en échelles des amplitudes des fluctuations, qui sont observées avec plusieurs moyens (comme les anisotropies du fond micro-onde, les cartographies des galaxies comme le Sloan, l'abondance des amas). On représente ici le spectre de puissance des fluctuations $P(k)$ en fonction de la fréquence spatiale k (l'inverse des échelles). La prédiction CDM (+ énergie noire) est la courbe sous-jacente aux points d'observation. Le trait plein est la théorie linéaire de l'effondrement gravitationnel, valable aux grandes échelles, la courbe en pointillé introduit l'effondrement non-linéaire des structures, qui commence à être très sensible aux petites échelles. Les deux échantillons de galaxies correspondent à l'ensemble total (toutes galaxies) et les galaxies rouges lumineuses qui sont plus corrélées que l'ensemble, d'un facteur 3 environ. Ces dernières, plus lumineuses, sont détectables à de plus grandes distances, donc le volume considéré ici est plus vaste, ce qui explique la moindre dispersion. Il est bien connu (*cf.* chapitre 4) que les galaxies lumineuses rouges sont en général des galaxies elliptiques, qui font partie d'environnements denses (groupes ou amas), ce qui explique leur plus grand taux de corrélation spatiale, et leur plus grand $P(k)$ (d'après Tegmark *et al.* 2006).

Si la matière noire avait été dominée par une composante « chaude » ou HDM, faite de particules encore relativistes lors de son découplage thermique avec le fond cosmologique, ces particules auraient pu empêcher la croissance des fluctuations non seulement à petite échelle, mais aussi à moyenne échelle, et le spectre en aurait été déformé. En particulier, il y aurait eu beaucoup moins de structures à petite échelle par rapport aux autres, et beaucoup moins de galaxies formées.

LES OSCILLATIONS BARYONIQUES : AUTRE SUCCÈS DU MODÈLE CDM

De plus, les grandes cartographies de galaxies aujourd'hui ont été capables de détecter les oscillations dans la distribution spatiale des galaxies, ou le spectre de puissance $P(k)$. Ces « rides » sur la distribution spatiale des galaxies sont des vestiges du temps où les baryons oscillaient avec les photons, avant la recombinaison.

À cette époque, les baryons ionisés constituaient un plasma, étroitement couplé aux photons, et ne pouvaient pas s'effondrer par leur propre gravité, mais les surdensités éventuelles étaient en équilibre de pression, et participaient à des ondes acoustiques avec les photons.

Les ondes se propagent à la vitesse du son à partir de l'instant zéro du Big-Bang. Ces « rides » atteignent une sphère de rayon égal à l'horizon sonore, lorsque la recombinaison survient, et que les baryons se découplent des photons. Les rides baryoniques restent figées et les galaxies se forment préférentiellement à l'endroit de ces surdensités.

La taille de l'horizon « sonore » lors de la recombinaison est d'environ 500 millions d'années-lumière : c'est donc à cette échelle, ou à la fréquence spatiale correspondante, que l'on trouve la première ride dans le spectre de puissance. Bien sûr, cette signature est très faible, mais elle a pu être détectée, ce qui est un premier pas crucial dans la détermination de tout le spectre des oscillations qui va nous renseigner sur la nature de la matière noire, et aussi sur la variation en fonction du temps des paramètres de l'énergie noire.

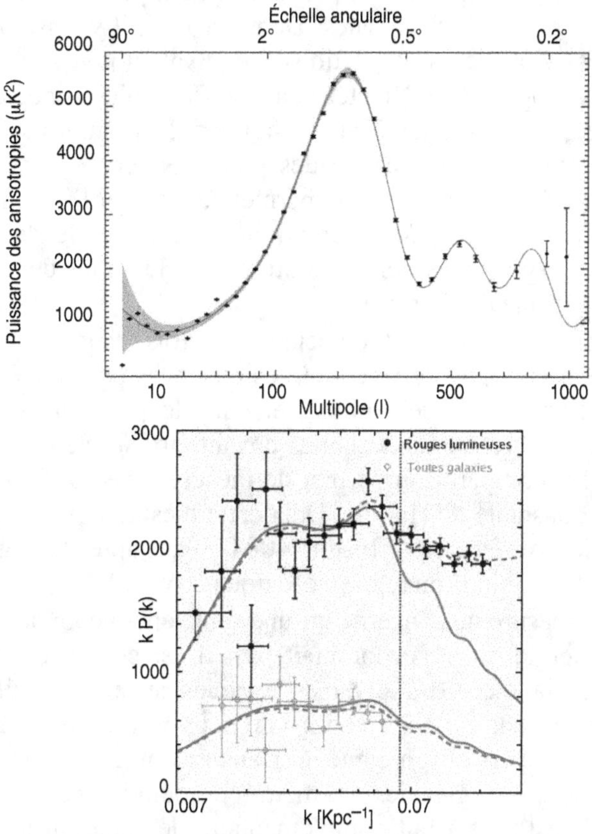

Figure 5.2 Ondes sonores (ou oscillations acoustiques) dans le fond cosmique de rayonnement et dans la distribution des galaxies (baryons)

À gauche : Anisotropies du fond micro-onde cosmologique, en fonction de la fréquence spatiale (image obtenue par WMAP) Les points sont représentés avec les barres d'erreur dues au bruit. La courbe est l'ajustement de la théorie CDM aux points d'observation (symboles), incluant l'énergie noire. La région ombrée représente la variance cosmique, c'est-à-dire l'incertitude qui résulte du faible nombre de très grandes structures mesurées, à l'intérieur de notre horizon fini. À droite : Oscillations acoustiques correspondantes des baryons, obtenues en multipliant le spectre de puissance $P(k)$ par k, pour mettre en évidence les rides dans la courbe (voir figure précédente). Les catalogues de galaxies montrent bien la première oscillation, et le spectre de puissance se poursuit ensuite fidèlement sur la courbe non-linéaire des modèles (d'après Tegmark *et al.* 2006).

Jusqu'à présent, seule la première ride a pu être détectée, et pour des galaxies très locales. Dans l'avenir, il va être possible de détecter plusieurs oscillations, l'équivalent pour les baryons des anisotropies déjà détectées dans le fond micro-onde cosmologique, par le satellite WMAP (figure 5.2). Étant donné que la taille intrinsèque de ces « rides » est connue, les mesurer à diverses époques de l'Univers permet de mesurer l'expansion en fonction du temps. Ces oscillations jouent le rôle de « règle standard », pour mesurer l'évolution dans le temps de l'échelle caractéristique de l'Univers.

La première ride est détectée à la fois dans la direction spatiale de la ligne de visée, où les distances proviennent de la loi de l'expansion de Hubble, et dans le plan du ciel où la mesure est directe. Ces échelles devant être strictement identiques, leur comparaison permet de mesurer avec plus de précision la constante de Hubble. Déjà cette mesure a pu être faite à la dernière surface de diffusion, 400 000 ans après le Big-Bang, avec le fond micro-onde cosmologique et WMAP.

Cette mesure ne concerne qu'une seule époque, où la composante énergie noire ne dominait pas. Il est crucial de pouvoir effectuer la mesure à diverses époques avec les oscillations acoustiques baryoniques, et ainsi de pouvoir mesurer la géométrie de l'Univers et son contenu. Dans l'avenir, la spectroscopie de millions de galaxies permettra d'atteindre ce but. Cette méthode est tout à fait complémentaire de celle qui utilise les supernovæ de type Ia comme chandelles standard, pour mesurer la géométrie de l'Univers.

LA MATIÈRE VISIBLE SUIT-ELLE LA MATIÈRE NOIRE ? LE BIAIS

Dans le modèle CDM standard, les baryons après la recombinaison, tombent dans les puits de potentiel déjà formés de la matière noire. Mais la physique des deux composants n'étant pas la même, il est logique de penser qu'il n'y aura pas coïncidence parfaite entre matière visible et matière noire, du moins aux petites échelles.

Les processus de dissipation, de formation d'étoiles, etc. rendent tout à fait improbable une coïncidence entre matière visible et masse totale. Nous savons par exemple qu'il y a une ségrégation claire de types morphologiques dans les amas par exemple, et que les galaxies massives (elliptiques de couleur rouge en général) sont beaucoup plus grégaires que les autres : chaque filtre de couleur donne une vision différente des grandes structures.

On appelle cette différence entre masse visible et matière noire le biais b, soit le rapport entre les deux densités. Les grandes cartographies de tranches d'Univers ont montré que cette quantité est égale à 1, c'est-à-dire qu'il n'y a pas de biais à grande échelle, et que la matière visible est un bon traceur de la masse totale. Mais à cause des processus gazeux à petite échelle, ce n'est plus vrai au niveau des galaxies.

La technique des lentilles gravitationnelles permet aussi de mesurer le biais, à diverses échelles. Les amas de galaxies, par leur masse, déforment les rayons lumineux des galaxies d'arrière-plan, et par une cartographie de celles-ci, il est possible de mesurer la distribution de masse de la lentille, c'est-à-dire de l'amas. On a ainsi montré que la matière noire semblait plus concentrée que la matière visible dans les amas de galaxies. Ce fait d'observation doit apporter des contraintes sur la nature de la matière noire.

Loin des amas de galaxies, le phénomène de lentilles gravitationnelles, dû à toute la matière projetée sur le plan du ciel, produit des distorsions très faibles des images des galaxies d'arrière-plan. Ce cisaillement des images est presque imperceptible, indétectable sur des objets individuels, contrairement au phénomène de lentille forte.

En revanche, en sommant ces effets sur un très grand nombre de galaxies, l'effet peut être détecté et révéler la structuration de la matière dans l'Univers, et notamment la matière noire (figure 5.3). Ce type d'observations, qui se multiplie aujourd'hui, va aussi permettre de mesurer les paramètres de l'énergie noire.

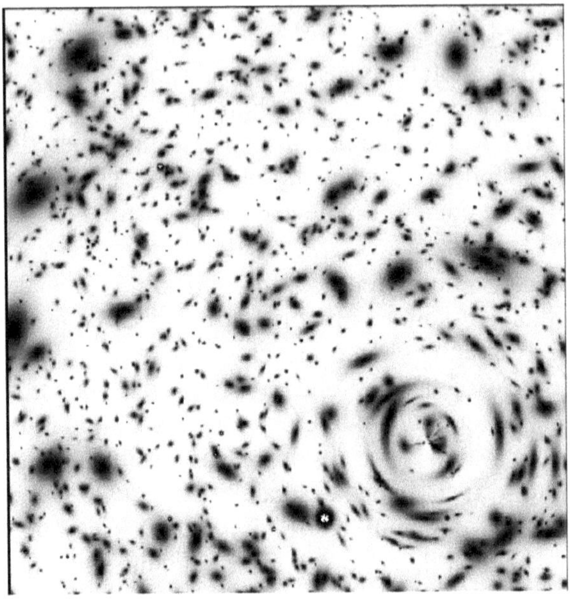

Figure 5.3 Cisaillement gravitationnel

Simulation des déformations des images de galaxies d'arrière-plan par les lentilles gravitationnelles situées sur la ligne de visée, et notamment par un amas de galaxies situé en bas à droite. Les déformations consistent essentiellement en un cisaillement des images tangentiellement autour du centre de masse des lentilles. Par ces déformations, on mesure statistiquement l'ellipticité de milliers et millions de galaxies, ce qui permet de tracer une cartographie de la matière noire projetée sur le ciel. Cette méthode a l'avantage de déterminer la masse totale des structures, indépendamment du biais éventuel des galaxies (d'après Bernardeau et Mellier 2003).

Les amas de galaxies, bien que ne contenant qu'une très faible partie de la matière dans l'Univers, sont des objets représentatifs, à la frontière entre le domaine des galaxies et les grandes structures. Sans doute s'agit-il aussi de l'échelle au-delà de laquelle le biais tend vers 1, c'est-à-dire où la matière visible suit fidèlement la matière noire, où leurs densités sont proportionnelles.

À des échelles supérieures, il est logique de penser que les effets de dissipation, de formation d'étoiles, et tous les autres processus complexes reliés, n'influent plus sur la dynamique de la matière. C'est justement aux échelles supérieures que le modèle CDM réunit ses plus grands succès. Les simulations numériques permettent d'ailleurs de montrer qu'il n'est plus possible aux grandes échelles de produire une ségrégation entre matière noire et visible.

Globalement sur un amas de galaxies, le rapport entre baryons et non-baryons doit prendre sa valeur universelle de 1/6. Le bilan de la masse observée dans les amas confirme cette prédiction. L'essentiel de la masse visible existe sous forme de gaz très chaud, émettant des rayons X, qui peut contenir 10 fois plus de masse que celles des étoiles dans les galaxies. Généralement, sur l'ensemble de l'Univers, les baryons visibles (dans les étoiles essentiellement) ne représentent que 10 % de tous les baryons. Dans les amas, le reste de la matière ordinaire, qui demeure d'habitude sous forme de gaz trop froid ou trop dilué pour être visible, devient visible en rayons X sous forme de gaz chaud.

Par les lentilles gravitationnelles, et aussi l'équilibre hydrodynamique du gaz chaud, qui renseigne sur la forme et l'amplitude du puits de potentiel qui maintient lié le gaz chaud, la quantité de masse noire a pu être mesurée et est bien de l'ordre de 6 fois la matière visible. Compte tenu des incertitudes encore grandes, il ne doit pas exister une grande quantité de baryons noirs dans les amas. Sans doute le gaz (tiède ou froid) qui les constitue a été chauffé par les ondes de choc lors de la formation de l'amas.

Un autre effet confirmant le modèle CDM avec énergie noire a été détecté en 2005, par corrélations des cartes de WMAP et des cartographies de galaxies Sloan. C'est le bleuissement des photons à la traversée de grandes structures, appelé encore effet Sachs-Wolfe intégré (ISW).

Normalement, dans un Univers plat dominé par la matière (et non par l'énergie noire, comme notre Univers semble l'être aujourd'hui), les photons entrent dans les structures et en ressortent avec la même énergie.

Une grande structure, comme un superamas de galaxies, de taille environ 500 millions d'années-lumière, crée un certain puits de potentiel gravitationnel. Les photons entrant dans un puits devraient gagner de l'énergie cinétique, puisqu'ils perdent de l'énergie potentielle. Mais contrairement aux particules massives qui gagneraient de la vitesse, le photon se déplace à vitesse constante. L'énergie gagnée se retrouve donc dans la fréquence du photon qui augmente, autrement dit sa longueur d'onde rétrécit, le photon devient plus bleu.

Si le superamas de galaxies n'évolue pas pendant le temps de traversée du photon, la sortie est symétrique, et le photon reperd son énergie en sortant, retrouvant une fréquence identique à sa fréquence initiale. Par contre, dans un Univers dominé par l'énergie noire, qui produit une accélération de l'expansion des structures, le puits de potentiel sera moins creux au moment de la sortie du photon, et celui-ci sortira plus bleu (figure 5.4).

Figure 5.4 Illustration de l'effet ISW (Integrated Sachs-Wolfe)

Les photons du fond micro-onde cosmologique entrent dans un puits de potentiel d'un superamas, à très grande échelle (symbolisé par la ligne en trait plein). Le temps de traversée du photon est de l'ordre de 500 millions d'années-lumière. Lors de sa descente dans le puits, le photon gagne de l'énergie. Si le puits de potentiel ne changeait pas durant toute la traversée, le photon perdrait exactement la même énergie à la sortie. Mais à cause de l'expansion accélérée de l'Univers due à l'énergie noire, les galaxies dans le superamas s'éloignent entre elles, et leur puits de potentiel est moins profond (ligne en pointillé). Le bilan énergétique est donc positif pour le photon qui sort plus bleu qu'il n'est rentré. Cet effet a été observé devant des superstructures, en effectuant des corrélations croisées entre la carte des anisotropies WMAP et la carte des galaxies du relevé Sloan.

La structure donnant lieu au puits de potentiel est née d'une grande fluctuation de densité, qui doit être visible sur les anisotropies de la température du fond micro-onde cosmologique. Cette idée est à l'origine du procédé de détection des fluctuations de densité par la corrélation de deux cartes

Pour chaque fluctuation, le signal est trop faible pour provoquer une détection individuelle, mais la corrélation des deux cartes, sur 5 300 degrés carrés de surface, a en effet fourni la détection et confirmé que les photons gagnent de l'énergie à la sortie des grandes fluctuations. Cette détection a pu être faite à plusieurs décalages vers le rouge, et donnera davantage de résultats avec les très vastes relevés spectroscopiques prévus dans l'avenir. Dès aujourd'hui, cette constatation permet d'éliminer certains modèles d'énergie noire.

MATIÈRE NOIRE ET RELATIONS D'ÉCHELLES ENTRE LES GALAXIES : LOI DE TULLY-FISHER POUR LES SPIRALES

En 1977, les deux astronomes américains Tully et Fisher découvraient une corrélation entre la largeur en vitesses de la raie d'émission d'hydrogène atomique HI (à 21 cm de longueur d'onde) et la luminosité absolue d'une galaxie (figure 5.5).

Cette relation avait été proposée essentiellement comme indicateur de distance, car la largeur en vitesses HI est indépendante de la distance ; sa mesure donne par la relation de Tully-Fisher la luminosité intrinsèque d'une galaxie, ce qui permet de déduire la distance de cette galaxie à partir de la mesure de sa luminosité apparente.

La relation de Tully-Fisher est une loi de puissance qui relie la luminosité L d'une galaxie spirale à sa vitesse de rotation V_{rot}, telle que $L \sim V_{rot}^4$. La forme de la relation dépend légèrement de la couleur dans laquelle a été mesurée la luminosité. Au début, sur de grands nombres de galaxies, les observations ne pouvaient être faites que dans le bleu ou le visible, techniques plus simples. Or dans ces couleurs, la dispersion autour de la relation est assez grande.

En effet, dans le bleu, la luminosité des galaxies dépend beaucoup du taux récent de formation d'étoiles, ainsi que de l'absorption par la poussière. La bande infrarouge proche est en revanche presque indépendante de la poussière, et beaucoup plus stable envers les sursauts de formation d'étoiles : ce sont les vieilles populations d'étoiles qui dominent le rayonnement dans cette bande.

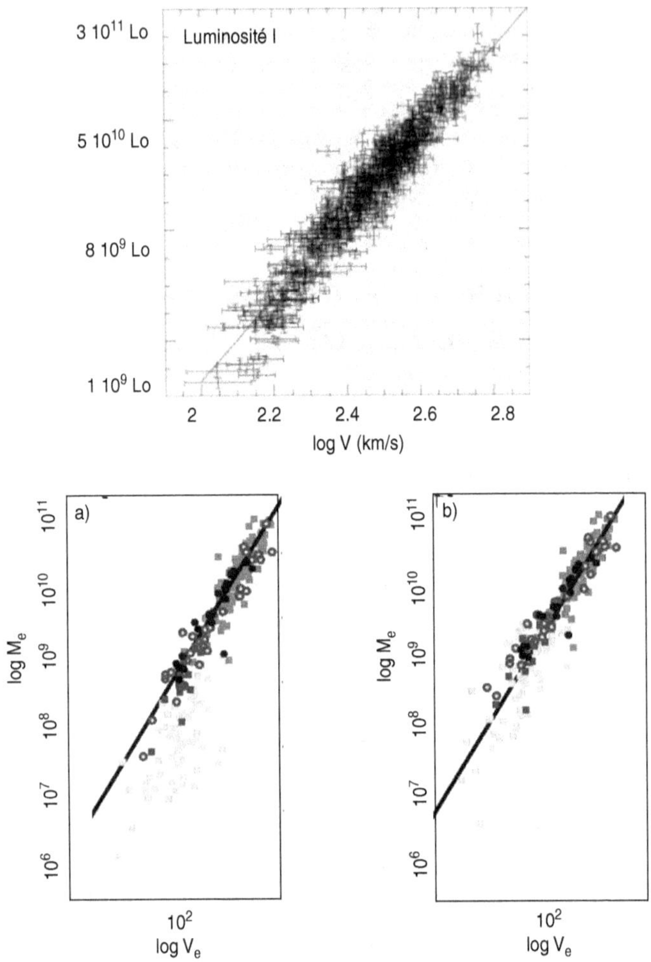

Figure 5.5 Loi de Tully-Fisher pour les galaxies spirales

À gauche : Loi de Tully-Fisher reliant la vitesse de rotation (axe horizontal, en échelle log), à la luminosité de la galaxie dans la bande I (axe vertical, en luminosités solaires). La vitesse de rotation est obtenue à partir du profil de la raie HI à 21 cm, corrigée de l'inclinaison de la galaxie (d'après Giovanelli *et al.* 1997). Au milieu : Cette relation a ensuite été transformée en relation Vitesse-Masse, en choisissant un rapport Masse/Luminosité constant pour toutes les galaxies (voir diagramme du milieu). Les points en grisé correspondent aux galaxies naines, à faible vitesse de rotation, qui contiennent beaucoup de gaz. Mais seule la masse des étoiles a été prise en compte dans ce diagramme. À droite : la masse du gaz est ajoutée à la masse des étoiles, pour donner la masse totale baryonique des galaxies. La relation de Tully-Fisher est alors retrouvée. La droite est une loi de puissance de pente égale à 4 (d'après McGaugh *et al.* 2000).

Outre son utilité comme indicateur de distance, la loi de Tully-Fisher (TF) est un bon indicateur du rapport Masse/Luminosité (M/L) des galaxies, et de son évolution.

En effet, quels sont les phénomènes à l'origine de cette relation ?

Une partie de la relation provient de l'équilibre gravitationnel des galaxies, et de l'égalité entre énergie potentielle et énergie cinétique. La vitesse de rotation peut s'exprimer en fonction de la masse totale M et du rayon caractéristique R, par $V_{rot}^2 \sim G M/R$, G étant la constante de gravitation.

Cette relation doit être complétée par une corrélation entre masse et rayon, qui provient de l'histoire de la formation des galaxies. Cette relation est aussi proche d'une loi de puissance reliant la masse à la taille d'une galaxie, sous la forme $M \sim R^2$. Elle peut s'interpréter comme une densité de surface quasi constante en moyenne pour les galaxies.

En effet, Ken Freeman, en 1970, a mis en évidence que la brillance de surface des disques de galaxies spirales est de façon surprenante quasi identique en leur centre pour toutes les galaxies. Cette constance de densité de surface stellaire n'est pas seulement un artefact dû à l'absorption de la lumière par la poussière, qui modifierait les brillances pour les galaxies les plus massives, à forte métallicité donc abondance de poussière, car la relation est aussi valable en bande infrarouge, moins sensible à l'absorption.

L'universalité de la loi de Freeman n'est valable que pour les galaxies assez lumineuses. Maintenant qu'il est possible de détecter des galaxies de très faible brillance de surface, la loi de Freeman n'est plus vérifiée pour ces galaxies naines (figure 4.10).

Les deux relations décrites ci-dessus pour les galaxies spirales géantes permettent d'expliquer l'origine de la loi de Tully-Fisher. Mais que se passe-t-il pour les galaxies naines, à plus faible brillance de surface ? En termes de luminosité totale, elles ont en effet un déficit, qui se voit clairement sur le diagramme vitesse-luminosité (figure 5.5). Il est tout de même possible de les faire revenir sur la courbe commune, en prenant en compte tous les composants de matière visible.

En effet, ces galaxies naines sont très riches en gaz et, contrairement aux galaxies géantes, le gaz correspond à une part significative de la masse totale de la galaxie. En convertissant les luminosités en masses stellaires, par un rapport M/L approprié aux populations stellaires selon la bande de fréquence considérée, le total de la masse, incluant la masse du gaz et celle des étoiles, peut être pris en considération.

C'est alors que les galaxies naines satisfont à la même loi de Tully-Fisher que les galaxies à haute brillance de surface. Il semblerait que cette loi contrôle l'effondrement des baryons dans les puits de potentiel de la matière noire, et non les phénomènes liés à la formation d'étoiles. Cette version de la relation étendue à toute la masse visible de la galaxie est appelée loi de Tully-Fisher baryonique.

MATIÈRE NOIRE ET PLAN FONDAMENTAL POUR LES GALAXIES ELLIPTIQUES

Une loi analogue est vérifiée par les galaxies elliptiques. Celles-ci ne sont pas ou peu en rotation, mais leur dynamique est représentée par leur dispersion de vitesse σ. La relation de Faber-Jackson relie la luminosité totale à la dispersion σ avec une loi de puissance d'exposant 4.

Toutefois, la relation étant plus dispersée que pour les spirales, il existe plus exactement, pour les galaxies elliptiques, une relation entre leurs trois paramètres principaux, luminosité L, dispersion σ et rayon caractéristique R. Cette relation positionne les galaxies elliptiques sur un plan fondamental dans ce volume à trois dimensions.

Ce plan fondamental n'est pas forcément réduit à une droite en projection sur le plan L-σ, mais il faut trouver d'autres combinaisons d'axes, à partir de variables qui ne sont que des combinaisons des trois fondamentales, afin de réduire la dispersion. Ainsi il est possible de voir le plan fondamental par la tranche, en projection sur deux axes qui sont d'une part le rayon R et d'autre part une combinaison de σ et de la brillance de surface L/R^2 (figure 5.6).

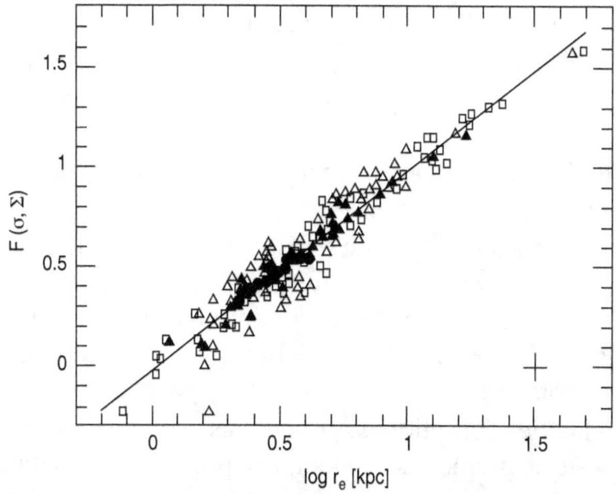

Figure 5.6 Relations d'échelle pour les galaxies elliptiques

Plan fondamental des galaxies elliptiques, vu pratiquement par la tranche en projection dans ce diagramme reliant le rayon de la galaxie r_e, la dispersion de vitesse σ, et la brillance de surface (Σ). Ces paramètres relient la masse visible (Σ), et la masse noire (σ) à la taille des objets (r_e). Ces paramètres sont confinés dans un plan, qui se projette en une droite, dans les axes de projection adéquats montrés ici. La position des galaxies dans ce plan nous apprend beaucoup sur les processus de formation des galaxies elliptiques, par exemple par fusion de galaxies plus petites.

En rapprochant ces relations, on déduit que le rapport masse/luminosité varie avec la luminosité, comme M/L ~L –. Les plus grosses galaxies ont un M/L supérieur, provenant de leurs populations stellaires plus vieilles. Cela correspond aussi à la séparation entre séquence des galaxies « bleues » et « rouges », où l'âge des étoiles croît avec la masse des galaxies.

Les galaxies elliptiques sont le résultat naturel de la fusion entre deux galaxies spirales, et plus généralement des fusions successives entre plusieurs galaxies naines ou spirales.

Étant donné qu'aujourd'hui elles ne sont en majeure partie formées que de populations vieilles d'étoiles, il est probable qu'au début de l'Univers, ces fusions faisaient intervenir des galaxies riches en gaz, capables de former des étoiles lors de l'interaction, alors qu'aujourd'hui, il s'agirait plutôt de fusions de galaxies en fin d'évolution, avec peu de gaz.

Les simulations ont montré que le système résultant des fusions de ce genre de galaxies appartenaient encore au plan fondamental.

Quelle est la fraction de matière noire autour des galaxies elliptiques ?

C'est une question difficile à résoudre, contrairement à ce qui se passe pour les galaxies spirales, dont la géométrie est simple, celle d'un disque mince, facile à déprojeter du plan du ciel, et qui contient du gaz froid interstellaire, servant de traceur à la courbe de rotation.

Les galaxies elliptiques n'ont pas de gaz d'hydrogène atomique, qui permet de sonder les potentiels gravitationnels très loin du centre. Leur géométrie est ellipsoïdale, soit « prolate », c'est-à-dire que l'axe de symétrie est le grand axe, ou « oblate », où l'axe de symétrie est le petit axe. Dans une grande partie des cas, il n'y a même pas symétrie axiale, mais les trois axes sont très différents ; ce sont les galaxies « triaxiales ».

Ces géométries complexes résultent de leur mode de formation, par fusion de galaxies plus petites, avec des axes de symétrie orientés au hasard. Au bout de plusieurs fusions, le système final perd peu à peu son moment angulaire et n'est plus équilibré par la rotation, mais par la dispersion de vitesses. L'aplatissement dans une direction n'est pas dû à la rotation, comme pour l'effondrement d'un système gazeux (qui donne lieu à la formation d'un disque), mais plutôt au fait que les galaxies qui ont fusionné avaient un mouvement relatif, une orbite perpendiculaire à cette direction. La dispersion des vitesses des étoiles dans le système final est alors anisotrope, plus grande dans la direction de l'orbite relative des galaxies parentes. Ce sont les forces de « pression » résultant de cette dispersion des vitesses qui compensent les forces de gravitation, et assurent l'équilibre des galaxies elliptiques.

Un des moyens de déterminer la distribution de matière noire est de mesurer la distribution radiale de la dispersion de vitesses, et de faire un modèle dynamique du système, en prenant en compte la masse stellaire, avec des valeurs réalistes du rapport M/L des étoiles. Cette méthode montre une très faible quantité de matière noire, quasi inexistante, jusqu'au rayon optique de la galaxie, là où s'arrêtent les mesures des vitesses des étoiles.

Les incertitudes sont très grandes, car il y a un grand nombre de solutions possibles et équivalentes pour déprojeter la galaxie, connaître la valeur de ses trois axes, ou connaître le degré d'anisotropie des dispersions de vitesses en fonction du rayon. Les effets de projection se compliquent du fait que l'ellipticité varie aussi avec le rayon, comme la densité.

Durant la dernière décennie, la mesure de très faibles dispersions de vitesses dans les parties très externes de galaxies elliptiques, grâce à un nouveau traceur, les nébuleuses planétaires, a suscité un débat autour de la présence ou non de matière noire dans les elliptiques.

Les nébuleuses planétaires sont des enveloppes de gaz chaud provenant de l'expulsion de gaz par des étoiles vieilles à peine plus massives que le Soleil. Leur cinématique est observée grâce à la raie de l'oxygène ionisé [OIII] à 5 007 Angströms, relativement forte, et permettant d'observer les vitesses des étoiles bien plus loin qu'auparavant, par les raies d'absorption.

L'observation de la chute de la dispersion de vitesses à une distance de trois rayons caractéristiques, alors que les modèles de matière noire prédisent une dispersion constante, avait de quoi surprendre. Alors que les galaxies spirales sont logées dans des halos de matière noire importants, et en fusionnant entre elles deviennent des elliptiques, comment le halo noir aurait-il pu disparaître dans la fusion ?

Les astronomes ne sont pas en manque d'imagination, et ont tout de suite vu une solution au mystère : la dispersion de vitesses devient très anisotrope dans les parties externes. À grande distance du centre, les vitesses deviennent quasi radiales, et même d'amplitude très faible, car les étoiles sont proches de leur point de rebroussement dans leurs orbites. Ce phénomène est amplifié du fait que les étoiles du halo lointain sont formées, lors de la fusion entre les galaxies parentes, plutôt pendant le premier passage au péricentre. Ainsi les orbites de ces étoiles sont particulièrement excentriques et quasi radiales, avec un péricentre très près du centre de la galaxie elliptique finale, et un apocentre très lointain. Les simulations numériques montrent qu'il est ainsi possible de faire chuter la dispersion de vitesses mesurée en projection très loin du rayon effectif de la galaxie. Cela n'est vrai que pour les étoiles bien sûr, pas pour les particules de matière noire ou le gaz, mais ces derniers sont absents ou invisibles.

La mesure des vitesses des étoiles est donc trop incertaine pour déterminer la distribution de la matière noire dans les elliptiques. Il faut se tourner vers d'autres méthodes, comme l'émission de gaz très chaud en rayons X dans les galaxies très massives, par équilibre hydrostatique du gaz, ou bien par lentille gravitationnelle faible, statistiquement sur un grand nombre de galaxies (mais qui n'isolent pas un type particulier), ou encore par la mesure des vitesses des compagnons dans un groupe de galaxies. Malheureusement, toutes ces techniques sont encore embryonnaires, et n'arrivent pas à la précision du gaz HI dans les galaxies spirales.

LE RAPPORT ENTRE MASSE NOIRE ET MASSE VISIBLE A-T-IL ÉVOLUÉ AU COURS DU TEMPS ?

La vitesse de rotation des galaxies spirales (ou la dispersion des galaxies elliptiques) est directement liée à l'amplitude du puits de potentiel du halo de matière noire dans lequel sont plongés les baryons visibles.

Les corrélations entre luminosité (ou masse) et vitesse de rotation observées pour ces galaxies ont été établies localement, à décalage vers le rouge zéro. Une façon de tester l'évolution des galaxies et la progressivité de l'effondrement différentiel des baryons et de la matière noire, est d'essayer d'établir l'équivalent de ces relations en fonction du décalage vers le rouge.

C'est un travail difficile, et seuls quelques résultats préliminaires ont pu être obtenus. Les difficultés viennent bien sûr du manque de sensibilité des instruments actuels pour les objets très peu lumineux que deviennent les galaxies distantes, et de tous les effets de sélection qui en découlent. En moyenne, la brillance de surface des disques de galaxies apparaît supérieure à ce qu'elle est en réalité (les disques moins brillants sont indétectables et sortent de l'échantillon).

Une fois corrigés de ce facteur, il semble que les effets d'évolution ne soient pas très sensibles, du moins jusqu'au décalage vers le rouge z = 1. De même, la taille des disques de galaxies apparaît en moyenne inférieure lorsque l'on remonte le temps, mais cela est encore dû à la brillance de surface minimum que peut observer l'instrument, et une assez faible évolution est détectée, une fois les biais corrigés.

Il est possible de mettre en évidence une évolution plus rapide dans certaines catégories de galaxies, entre autres les plus petites galaxies « bleues », alors que les galaxies massives « rouges » n'évoluent pas.

La faible évolution de la loi de Tully-Fisher observée suggère que les galaxies entre z = 1 et aujourd'hui évoluent par accrétion à la fois de gaz et de matière noire de façon conjuguée ; ainsi statistiquement leur position sur la courbe vitesse-luminosité (ou masse) reste la même.

Une autre tendance indique une évolution plus marquée dans les amas de galaxies : les galaxies spirales formant des étoiles dans les amas seraient plus brillantes que dans le champ, pour une vitesse de rotation donnée. Par contre, les galaxies lenticulaires (S0) des amas apparaissent comme moins lumineuses, et seraient l'évolution ultime des spirales ayant perdu leur réservoir de gaz. Ces résultats préliminaires sont à prendre avec précaution, vu les énormes effets de sélection.

Les relations d'échelle vérifiées par les galaxies (loi de Tully-Fisher pour les spirales, plan fondamental pour les galaxies elliptiques), constituent un outil indispensable pour extraire des observations les principales propriétés physiques des galaxies, en particulier le lien entre leur matière noire et les baryons. Statistiquement, l'étude de ces relations a permis de mettre en évidence trois grands problèmes du modèle CDM à l'échelle des galaxies.

PREMIER GRAND PROBLÈME DU MODÈLE CDM : LES CUSPIDES

Les simulations cosmologiques sont le principal outil qui nous renseigne sur la physique de la matière noire, supposée être constituée de particules non-baryoniques assez massives, qui lorsqu'elles se sont découplées des photons au début de l'Univers, n'étaient pas relativistes (*cf.* chapitre 1).

Les conditions initiales des simulations sont, au début de l'Univers, un milieu homogène de particules, avec des fluctuations primordiales de densité, qui correspondent à celles observées dans le fond cosmologique, par des expériences satellitaires, telles COBE, WMAP, Planck.

En première approximation, il est possible de négliger la matière baryonique, qui ne constitue que 5 % des constituants de l'Univers. En revanche, l'expansion est contrôlée par l'énergie noire, que l'on considère comme une constante cosmologique Λ, par souci de simplicité, étant donné que toutes les contraintes observationnelles jusqu'à présent sont compatibles avec cette hypothèse.

Les valeurs adoptées sont conformes aux derniers résultats observationnels, soit un Univers plat (sans courbure) avec $\Lambda = 73\ \%$, et $\Omega_m = 27\%$ (voir l'appendice sur le contenu de l'Univers). Bien sûr, seule une petite partie de l'Univers peut être simulée dans les ordinateurs, un cube restreint, mais les conditions aux frontières du cube sont supposées périodiques, le cube est reproduit à l'infini, pour éviter les effets de bord. La taille du cube correspond aux plus grandes structures que pourra considérer la simulation.

De même, la résolution spatiale de la simulation correspond aux plus petites structures considérées, et aujourd'hui le rapport de taille entre les plus grandes et les plus petites structures est d'environ trois ordres de grandeur (les plus grandes simulations jamais effectuées l'ont été sur une grille à trois dimensions, de

2 048 cellules de côté, soit un volume de 20 48^{3} cellules, ou près de 9 milliards de points). Il est bien sûr possible de réduire la taille du cube afin d'avoir une meilleure résolution en termes de structures résolues à l'intérieur de chaque halo, ou galaxie.

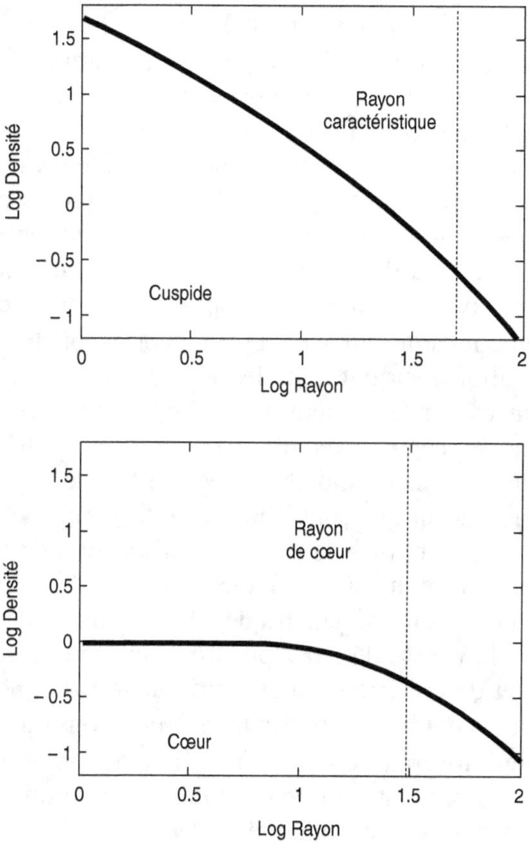

Figure 5.7 Problème des cuspides, prédites dans les simulations, alors que des cœurs sont observés

À gauche : profil radial de la matière noire dans les simulations cosmologiques dans le modèle CDM. La densité monte très vite vers le centre, lorsque le rayon décroît. À droite : profil radial de matière noire observé dans les galaxies, à partir des courbes de rotation du gaz. La densité ne croît plus vers le centre, mais atteint un plateau. On appelle ce composant central le « cœur », qui est caractéristique d'une distribution isotherme de particules (c'est-à-dire à dispersion de vitesse constante).

C'est ainsi qu'ont pu être déterminées les prédictions du modèle CDM sur le profil radial typique des halos de matière noire. Comme ces structures se développent de façon quasi similaire quelle que soit l'échelle considérée, cette distribution radiale est universelle, pour les amas de galaxies ou pour les galaxies (si l'on ignore les baryons).

Ce profil radial est une loi de puissance, comme l'indique la figure 5.7, aussi loin que l'on pousse la résolution spatiale. Ce genre de forme conduit à une singularité à l'origine, et ressemble à ce que l'on appelle une « cuspide » : une densité très pointue vers le centre. Ce modèle en cuspide s'oppose au modèle en « cœur » qui correspond le mieux aux observations. Dans ce modèle, la densité s'aplatit vers le centre, en dessous d'un certain rayon caractéristique, appelé le rayon de cœur.

Les prédictions du modèle CDM ne correspondent donc pas aux observations, surtout dans les galaxies naines, qui sont le plus dominées par la matière noire. Ces galaxies révèlent une densité plate au centre, avec un rayon de « cœur » très marqué. La distribution radiale est déduite des courbes de rotation, obtenues avec le traceur que constitue le gaz d'hydrogène atomique. C'est un composant dissipatif, dont la dispersion de vitesse est très faible, et qui suit assez fidèlement les orbites circulaires dans un potentiel axisymétrique. Le nombre de galaxies proches, où la vitesse du gaz a pu être déterminée avec assez de résolution et de précision, est aujourd'hui suffisant pour établir un profil de « cœur », contredisant les prédictions du modèle.

Une solution serait de considérer l'interaction de la matière noire avec les baryons, qui pourrait détruire le profil initial. De nombreuses hypothèses ont été testées lors des simulations numériques, afin de parvenir à aplatir la densité de matière noire au centre, et de supprimer les cuspides, pour l'instant avec un succès mitigé. L'idée est de fournir beaucoup d'énergie dynamique à la matière noire au centre, pour réduire la profondeur du puits de potentiel.

Soit une onde de densité barrée, soit des grumeaux que forment par exemple des amas d'étoiles ou des nuages interstellaires, pourraient chauffer le centre par friction dynamique. La formation d'étoiles pourrait aussi apporter de l'énergie supplémentaire pour réduire la cohérence du potentiel central. Mais dans la plupart des cas, même l'apport de cette énergie ne paraît pas suffisant.

Outre le problème du profil radial de la distribution de CDM, un autre problème aussi sérieux est la quantité de matière noire prédite par les modèles, qui est bien supérieure à celle observée dans les galaxies spirales géantes, comme la Voie Lactée par exemple. Ce problème est particulièrement aigu pour les galaxies massives, où les observations révèlent que la fraction de matière noire est proportionnellement beaucoup moins importante.

Évidemment, cette constatation dépend du rapport masse/luminosité adopté pour les étoiles. Mais aujourd'hui suffisamment de données statistiques viennent confirmer le problème : le rapport M/L du composant stellaire peut être estimé non seulement avec le type de populations stellaires observées, en fonction de leurs distributions en couleurs, mais aussi par les particularités dynamiques des disques.

Pour que les modèles CDM puissent concorder avec les observations, il faudrait que le rapport M/L des étoiles tende vers zéro, ce qui est exclu. Il ne peut pas non plus varier de façon trop extrême d'un type de galaxie à l'autre, sans provoquer une dispersion trop forte dans la loi de Tully-Fisher observée.

Pour les galaxies du type de la nôtre, les modèles prévoient dix fois plus de matière noire que ce qui est déduit des observations, et ce même en ignorant que la chute des baryons dans les puits de potentiel va produire une contraction de la matière noire initiale, ce qui aggrave encore le problème.

DEUXIÈME GRAND PROBLÈME DU MODÈLE CDM : LE MOMENT ANGULAIRE

Un autre problème, sans doute lié à l'existence des cuspides discutée ci-dessus, est celui de la perte du moment angulaire des disques de galaxies dans les simulations cosmologiques. Pour une masse totale donnée, les disques de galaxies formés dans la simulation ont une vitesse de rotation bien plus faible que ce qui est observé ; autrement dit, les disques de galaxies simulés sont beaucoup plus petits.

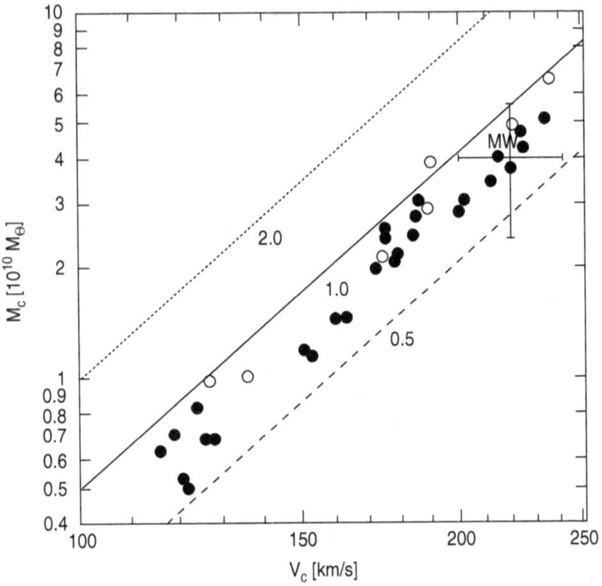

Figure 5.8 Loi de Tully-Fisher obtenue dans les simulations numériques de matière noire CDM (symboles pleins ou vides)

Typiquement, la pente de la relation est bien reproduite par les modèles, par contre les points sont tous en dessous de la relation observée, qui correspond à la droite du haut (petits points). Ici les trois courbes correspondent à la relation de Giovanelli *et al.* (1997), où le rapport M/L dans la bande I est varié (entre 0.,5, 1 et 2, la valeur la plus proche de la réalité). Pour une masse donnée, la vitesse de rotation obtenue est trop grande, car les galaxies se sont trop concentrées dans l'effondrement, et ont un rayon trop petit, alors que la prise en compte de la formation d'étoiles évite une concentration encore plus grande (d'après Sommer-Larsen *et al.* 2003).

Pourtant au départ, le moment angulaire moyen est bien réaliste, et correspond à ce qui est attendu, par interaction de marée et couples entre structures voisines. Le problème vient du fait que le moment angulaire de la matière baryonique disparaît au profit de la matière noire très efficacement par friction dynamique, lors des fusions entre galaxies. Lors des interactions entre galaxies, le moment angulaire des disques est transféré aux particules des halos noirs, et les baryons qui fusionnent et tombent au centre des halos noirs se trouvent dépourvus de leur rotation.

Ce problème se voit clairement sur la relation de Tully-Fisher, qui a été décrite plus haut. Par rapport à la relation observée, la relation obtenue dans les simulations cosmologiques a bien la bonne pente, mais est complètement décalée, et ne reproduit pas le point zéro, comme le montre la figure 5.8. La relation est décalée vers le bas, c'est-à-dire que pour une vitesse de rotation donnée elle correspond à une masse plus petite ou, dit autrement, pour une masse donnée, les galaxies dans le modèle ont une trop grande vitesse, car elles sont trop concentrées. La taille des disques est trop petite.

Les phénomènes énergétiques associés à la formation d'étoiles (vents stellaires, supernovæ) ont été utilisés pour essayer de déconcentrer les disques, mais même portés au maximum, comme en figure 5.8, le problème subsiste.

TROISIÈME GRAND PROBLÈME DU MODÈLE CDM : LES HALOS SATELLITES

Les simulations cosmologiques dans un Univers hiérarchique ont prédit la présence d'un grand nombre de sous-structures dans les halos de matière noire. Si l'existence d'un millier de sous-structures correspond bien aux observations dans le cas où le halo parent correspond à un amas de galaxies, la même chose est prédite pour un halo de la taille de celui de la Voie Lactée par exemple.

Environ 500 galaxies naines, de la taille des galaxies satellites déjà observées, sont escomptées autour de notre Galaxie. Le problème est que seulement une douzaine de galaxies satellites sont observées autour de la Voie Lactée, et non les 500 prédites.

Les figures 5.9 et 5.10 montrent la nature du problème. Serait-il possible que les sous-halos soient détruits à l'échelle galactique, et non à l'échelle des amas de galaxies ? On pourrait penser que les halos noirs existent autour de la Voie Lactée par exemple, mais ne sont pas remplis de baryons visibles, qu'ils ont formé des étoiles autrefois, mais que justement la réaction des supernovae a été assez violente pour expulser la grande majorité des baryons.

Cependant, la présence de 500 sous-structures concentrées autour notre Galaxie devrait tout de même être détectée par ses effets dynamiques destructeurs. En effet, le passage au travers du disque devrait le chauffer, et progressivement amener à sa destruction. Il serait même probable que le disque de la Voie Lactée n'ait pas pu se former dès le départ, en présence de telles perturbations. Plus généralement, si autant de sous-structures existaient réellement autour de toutes les galaxies spirales, il serait difficile d'expliquer la présence de disques minces d'étoiles, vieux pour certains de plusieurs milliards d'années.

Figure 5.9 Simulations des structures dans le modèle CDM

Structure d'un halo noir correspondant à une galaxie géante, comme la Voie Lactée (à gauche) ou à un amas de galaxies (à droite). Le bord de l'image correspond dans les deux cas aux rayons externes des structures, où tous les composants sont liés gravitationnellement (300 kpc à gauche, et 2 Mpc à droite). La grande ressemblance entre ces deux structures montre que celles-ci sont autosimilaires sur une grande gamme d'échelles, conséquence de l'indépendance d'échelle de la loi de la gravité. Les résultats correspondent bien aux observations pour les amas de galaxies, mais créent un problème pour les galaxies (d'après Moore *et al.* 1999).

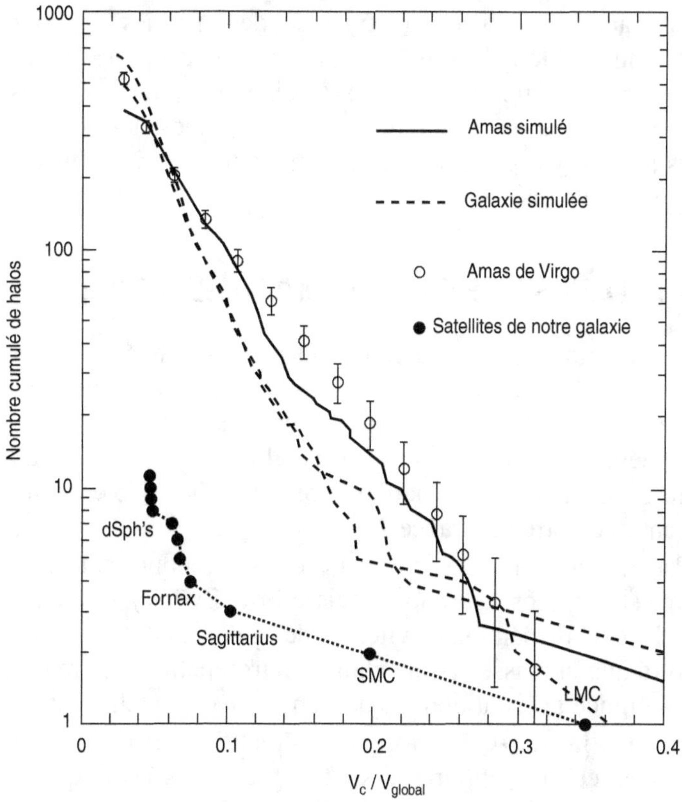

Figure 5.10 Problème des galaxies satellites manquantes

Nombre de halos noirs en fonction de leur masse Mh, ou de leur vitesse circulaire Vc (Vc^2 = G Mh/Rh, où Rh est le rayon caractéristique du halo, contenant la masse Mh), divisée par la vitesse de la structure parente (V_{global}). Les courbes proviennent des simulations numériques et sont tracées à la fois pour des sous-structures à l'intérieur du halo d'une galaxie géante typique comme la Voie Lactée (courbes en pointillé, correspondant à deux époques distantes de 4 milliards d'années) et pour des sous-structures correspondant à des galaxies à l'intérieur d'un amas typique de galaxies, comme Virgo (courbe pleine). Les points représentent les observations, avec la douzaine de satellites autour de la Voie Lactée (certains sont indiqués nommément), et les cercles vides correspondent à une moyenne sur les galaxies de l'amas de la Vierge. Noter que les deux courbes en pointillé sont équivalentes, l'évolution ne changeant pas le nombre de sous-structures (d'après Moore et al 1999).

Visiblement, ces sous-structures doivent avoir été détruites auparavant. À nouveau, l'existence de cuspides apparaît au centre du problème. Si les halos noirs étaient moins compacts, ils pourraient être détruits plus facilement par les forces de marée. Or dans les simulations cosmologiques, les sous-structures ne sont pas éphémères, mais au contraire très robustes sur des milliards d'années.

MAIS QU'EST-CE QUE LA MATIÈRE NOIRE?

Jamais autant de travaux et d'articles n'auront été écrits en astrophysique sur une matière dont on ne connaît rien ou presque. Certains prétendent qu'il s'agit de masquer notre ignorance sur des phénomènes encore incompris. Il est vrai qu'au cours du temps, la quantité de matière noire requise a bien diminué (autant que notre ignorance ?).

Par exemple, un des premiers à avoir recours à la matière noire est le célèbre astronome suisse Fritz Zwicky, qui a mesuré vers 1933 la dispersion de vitesses des galaxies dans les amas, et montré que la masse visible était bien trop petite pour maintenir la cohérence gravitationnelle de l'amas, avec de telles vitesses.

Depuis, la masse du gaz chaud émetteur de rayons X a été détectée, ce qui apporte dix fois plus de masse que celle contenue dans les galaxies. Au-delà de la boutade, il est vrai qu'aujourd'hui nous pouvons mettre des limites bien précises à la quantité de matière noire requise dans l'Univers.

Nous savons même précisément qu'il existe deux sortes de matière noire : une matière noire baryonique, car encore de nos jours près de 90 % des baryons ne sont pas identifiés, et de la matière noire non-baryonique.

Depuis longtemps l'abondance des éléments légers, formés essentiellement lors du Big-Bang, comme l'hélium ou le deutérium, a permis de déterminer la densité de baryons dans l'Univers. La densité totale de baryons dans l'Univers doit être $\Omega_b = 4\text{-}5$ % (voir Appendice). Or la matière visible ne contient que 10 % de ces baryons. Où pourraient se cacher les autres ?

Deux principales pistes ont été explorées :

– Les baryons pourraient se trouver confinés dans des objets compacts qui ne rayonnent pas, comme des étoiles manquées, des naines brunes (les résidus d'étoiles en fin de vie comme les naines blanches ne peuvent pas contenir beaucoup de matière, car ces étoiles, au cours de leur vie, auraient éjecté des éléments lourds dans l'espace interstellaire, qui ne sont pas observés en abondance suffisante). Ces objets compacts ont été recherchés autour de la Voie Lactée et d'Andromède par leurs effets de déviation des rayons lumineux, ou micro-lentilles gravitationnelles, mais ils n'ont pas été trouvés en nombre suffisant.
– On en a déduit que ces baryons pourraient être sous forme de gaz très chaud et très diffus dans les filaments cosmologiques peuplant l'espace intergalactique, ou alors sous forme de gaz moléculaire froid. La molécule d'hydrogène H_2 est symétrique, et ne rayonne pas aux basses températures du milieu interstellaire ; cela lui donne la qualité de matière noire baryonique idéale.

Ce gaz moléculaire froid pourrait peupler les alentours des galaxies spirales, et servir de réservoir à la formation d'étoiles. Il peut facilement expliquer les courbes de rotation. Mais la plus grande partie du gaz froid pourrait se situer aussi dans les filaments cosmologiques, et partager le caractère de matière noire baryonique avec le gaz chaud, comme un composant gazeux multiphase.

L'observation et la quantification des anisotropies dans le fond micro-onde cosmologique, avec l'étude des signatures des lentilles gravitationnelles, en accord avec les chandelles standard que sont les supernovæ Ia, ont permis de préciser la quantité de matière non-baryonique que contient l'Univers : 20 % de la densité critique pour fermer l'Univers, soit plus exactement 2 10^{-30} g cm. C'est bien sûr une moyenne, la densité serait plus importante dans les galaxies, soit de l'ordre de 10^{-24} g cm en moyenne sur la Voie Lactée.

Bien entendu, ces chiffres ultra-faibles expliquent que cette matière n'ait pas encore été détectée directement. Mais quelles sont ces particules WIMPS (Weakly Interacting Massive Particles) qui pourraient correspondre à une interaction quasi nulle avec le reste de la matière, si ce n'est par les forces de gravitation ?

Il est vraisemblable que cette matière inconnue soit constituée de plusieurs particules. Tout d'abord, nous savons aujourd'hui que les neutrinos ont une masse. Ces particules interagissent par l'interaction faible avec le reste de la matière. Leur masse n'a pas pu être mesurée directement, mais le phénomène de l'oscillation des neutrinos, soit l'échange entre les trois sortes de neutrinos (ceux reliés aux électrons, aux muons et aux particules tau) est une preuve de l'existence de cette masse. En effet, il ne peut y avoir d'oscillations que si les trois espèces de neutrinos ont une masse, chacune différente. Le taux d'échange entre les trois espèces permet de déduire ainsi la différence de masse entre eux, sans donner toutefois la masse d'aucun des neutrinos. Les modèles actuels mettent une limite supérieure de 2,2 eV pour la masse des neutrinos, et donc les neutrinos ne peuvent pas contribuer plus de $\Omega_\nu = 12\ \%$ au contenu de l'Univers. Cela pourrait tout de même représenter jusqu'à 50 % de la matière non-baryonique ! L'incertitude est très grande, et le minimum possible n'est que de $\Omega_\nu = 0{,}4\ \%$.

L'essentiel de la masse doit être constitué de particules « froides » non-relativistes lors de leur découplage thermique, pour former les grandes structures avec un spectre compatible avec les observations.

Le candidat le plus discuté pour les WIMPS est le neutralino, la particule super-symétrique la plus légère. La super-symétrie (SUSY) est la théorie qui à chaque particule de spin[1] demi-entier (ou fermion) associe un ou plusieurs « super-partenaires » de spin entier (boson), alors que chaque boson est associé à un ou plusieurs « super-partenaires » de spin demi-entier.

Dans ce cadre, le neutralino est une particule relique du Big-Bang, qui bien que stable, devrait se désintégrer en rayons gamma. Sa masse est estimée au minimum à 40 GeV, mais peut aller jusqu'au TeV. (Rappelons que les masses m des particules

1. Le spin est une propriété quantique associée à toute particule, qui la caractérise, comme sa masse ou sa charge électrique.

sont exprimées en énergie équivalente, E = mc^2, et que la masse du proton est de 1 GeV). Les particules super-symétriques sont bien plus lourdes que leurs partenaires, ce qui explique qu'aucune d'entre elles n'ait jamais encore été formée dans un accélérateur.

Les accélérateurs actuels ne sont pas assez puissants pour fournir l'énergie disponible et créer ces particules si massives. Si bien que la théorie de super-symétrie est encore une hypothèse qui attend confirmation. Le nouvel instrument LHC (*Large Hadron Collider)* qui entre en service au CERN en 2008-2009, traitera des énergies jusqu'à 14 TeV, et pourrait trancher la question.

Une autre hypothèse est aussi très étudiée : l'existence d'une quatrième sorte de neutrino, les neutrinos stériles. Ils n'interagissent pas avec les autres neutrinos par interaction faible, mais seulement par leurs oscillations avec eux. Ils n'interagiraient avec les autres particules que par leur masse et la gravité, et par là sont des candidats à la matière noire. L'hélicité de leur spin est droite (alors que les trois autres neutrinos sont gauches) ; il s'agit d'un phénomène équivalent à la chiralité de certaines molécules.

La masse de ces neutrinos stériles est complètement inconnue. Ils ne peuvent pas être trop massifs, sinon ils se désintégreraient dès la première seconde en plusieurs neutrinos communs, et la masse la plus favorable pour toutes les contraintes serait aux alentours de dizaines de keV. Les neutrinos stériles pourraient être détectés par leur taux de désintégration non nul (même faible) et le rayonnement gamma qui en découle.

D'autres particules de matière noire peuvent s'annihiler (avec leurs antiparticules associées) et produire des rayons gamma. C'est d'ailleurs une des méthodes indirectes privilégiées pour leur détection. Certains auteurs pensent que le fort taux de détection de rayons gamma à 511 keV vers le centre galactique pourrait être la manifestation de l'annihilation de particules légères de matière noire. Cependant, de nombreux phénomènes astrophysiques (comme les supernovæ) engendrent aussi ce rayonnement, qui est le produit d'annihilations électron-positron.

Une autre particule, cette fois ultralégère, a été imaginée pour expliquer une brisure de symétrie : il s'agit de l'axion, dont les diverses contraintes de la physique et de la cosmologie indiquent que la seule masse possible serait aux environs d'un micro-eV.

Encore un peu plus exotiques, d'autres théories introduisent des dimensions supplémentaires à notre espace. C'est le cas des théories Kaluza-Klein à cinq dimensions, ou encore de la théorie des cordes. Au départ, ces théories ont été élaborées pour unifier la gravitation et l'électromagnétisme, mais elles y ont échoué. L'idée sous-jacente est que la gravité est la seule force qui peut se propager dans les dimensions supplémentaires, ce qui la rend plus faible que les autres. Aujourd'hui ces théories sont encore développées pour résoudre d'autres problèmes, comme celui de la matière noire, qui serait une manifestation visible dans notre espace de l'existence de ces autres dimensions. L'Univers ne serait pas seulement constitué de trois dimensions d'espace et d'une de temps, mais d'autres dimensions, en nombre variable selon les théories et les symétries auxquelles elles sont censées obéir : de quelques-unes à plusieurs dizaines de dimensions supplémentaires. Toutes les interactions qui nous sont familières (électromagnétiques, interactions forte et faible) seraient confinées à trois dimensions ; seule la gravité s'étendrait dans les autres, certaines pourraient être compactes, c'est-à-dire repliées sur elles-mêmes, sur des échelles microscopiques.

Dans ces théories à dimensions supplémentaires étudiées aujourd'hui, l'espace familier à quatre dimensions qui nous entoure est un sous-espace, une surface (ou membrane), dans un espace de dimension plus grande. Par extension, les théoriciens ont baptisé ces sous-espaces « branes ». Dans le « modèle ekpyrotique » par exemple, le Big-Bang serait né de la collision entre deux branes. Notre brane peut vibrer dans les directions des dimensions supplémentaires, et en physique quantique ces vibrations peuvent se manifester par l'apparition de particules. Ce sont des particules stables, sans interaction avec les autres, que l'on peut appeler tout naturellement « branons », et qui constituent un des nombreux candidats à la matière noire.

On le voit, les théoriciens ne sont jamais à court d'imagination dès qu'ils se heurtent à un problème dans leur observation de l'Univers ! Les grands instruments de la prochaine décennie, accélérateurs ou télescopes, pourraient les aider à trancher parmi toutes ces hypothèses.

Chapitre **6**

Comment résoudre les problèmes, et avec quels instruments ?

Comment résoudre les problèmes actuels de la théorie de formation des galaxies ? L'interaction entre matière noire et matière visible, lors des phénomènes violents de la formation stellaire, l'énergie déployée provenant de l'énergie nucléaire dans les étoiles, ou même les phénomènes énergétiques reliés au trou noir central dans chaque galaxie, peuvent-ils empêcher les concentrations de matière noire ?

Et s'il fallait modifier les lois de la gravité, pour représenter correctement les observations à toutes les échelles ?

Que vont apporter les futurs instruments ?

LES SUCCÈS, LES PROBLÈMES : ÉTAT DES LIEUX

Le modèle d'Univers qui correspond à ce que l'on appelle le modèle de « concordance », et dont les paramètres découlent d'un faisceau de preuves concordantes obtenues par l'observation, a fourni depuis le début des années 2000 un grand nombre de résultats remarquables dans la connaissance de la formation des galaxies.

Il est en effet acquis que :

1. Les grandes structures se forment par effondrement gravitationnel, à partir de fluctuations primordiales (de densité et de température du plasma issu du Big-Bang), sans doute générées par l'inflation dans la première seconde de l'Univers, et dont l'amplitude correspond à ce qui est mesuré dans le fond micro-onde à la dernière surface de diffusion.

L'existence de matière noire non-baryonique (CDM) est requise pour aider les puits de potentiel à se développer avant la recombinaison, et correspond aussi à la masse manquante, qui ne rayonne pas, mais qui est détectée et quantifiée par le phénomène de lentille gravitationnelle, c'est-à-dire la déflection des rayons lumineux par toute la matière dans l'Univers.

2. Le modèle d'Univers standard ΛCDM, fondé sur la matière noire non-baryonique froide (CDM) et sur l'énergie noire (Λ), reproduit dans les simulations numériques, de façon très satisfaisante, le spectre de puissance des grandes structures, ainsi que la structure du réseau de filaments cosmiques, tracé par le gaz intergalactique, observé principalement par absorption devant les quasars.

En revanche, au niveau des galaxies, le modèle ΛCDM prédit une quantité de matière noire trop importante par rapport à ce qui est observé, et une distribution de densité trop concentrée, en forme de pic au centre des galaxies, alors que l'on observe plutôt des plateaux de densité.

En conséquence, les baryons qui tombent dans ces puits de potentiel doivent perdre leur moment angulaire par friction dynamique, au profit des halos, et les disques visibles prédits par la théorie sont beaucoup trop petits par rapport aux observations.

Enfin un grand nombre de halos satellites entourent chaque halo massif dans les modèles, alors qu'ils sont beaucoup moins nombreux dans la réalité.

En résumé, le modèle ΛCDM a beaucoup de succès aux grandes échelles (amas de galaxies, et superamas), où la physique est linéaire, ou semi-linéaire. Mais aux petites échelles (typiquement celles des galaxies), lorsque la physique devient très non-linéaire, il rencontre d'importants problèmes.

DES PARTICULES DE MATIÈRE NOIRE EN AUTO-INTERACTION, OU EN COLLISION ?

L'une des solutions envisagées consiste à supposer que les particules de matière noire, bien que n'interagissant que très faiblement avec le reste de la matière, pourraient avoir une auto-interaction non nulle. Après tout, nous ne connaissons rien de ces particules…

Suivant l'hypothèse appelée SIDM (*Self-Interacting Dark Matter),* les particules sont supposées avoir une section efficace de collision, et même sans dissiper d'énergie, l'effet de diffusion résultant des collisions pourrait modifier profondément la distribution radiale des halos de matière noire, et même éviter leur concentration.

Si le parcours moyen des particules est petit, de l'ordre des tailles des galaxies, les particules dans les halos pourraient être chauffées par des chocs, sans pouvoir se refroidir, donc pourraient éviter de se concentrer. L'effet collisionnel serait le plus visible aux échelles non-linéaires, et pourrait éliminer l'excès de structures à petites échelles. Les simulations numériques ont été abondamment employées pour tester cette hypothèse. Malheureusement, elles ont mis en évidence des difficultés supplémentaires.

L'une des conséquences théoriques des collisions entre particules de matière noire est la forme sphérique des halos noirs (figure 6.1). Cet aspect ne semble pas correspondre aux observations, qui tendent à conclure à un aplatissement significatif des halos. Pour expliquer cet aplatissement, il faut supposer davantage de moment angulaire dans les halos au départ.

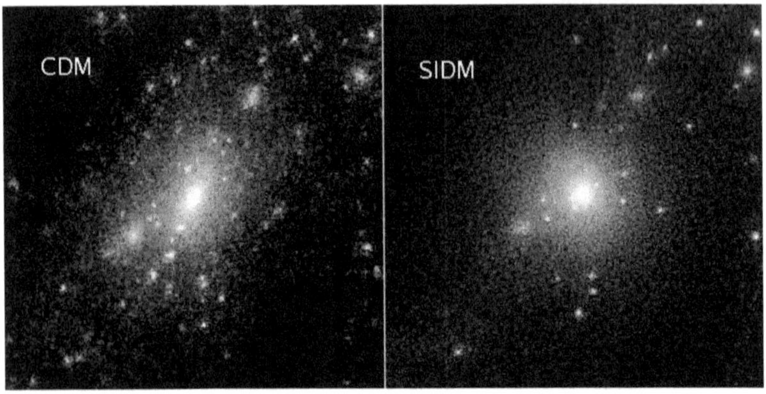

Figure 6.1 Simulations numériques des halos de matière noire

Résultats du modèle classique CDM sans interaction (à gauche), et du modèle SIDM (à droite) avec des particules qui peuvent entrer en collisions avec une section efficace non nulle. Noter que le modèle avec collisions est beaucoup plus sphérique, et a moins de sous-structures, ou petits halos noirs compagnons (d'après Moore *et al.* 2000).

Le degré d'aplatissement des halos noirs a récemment pu être estimé grâce à plusieurs techniques d'observation. L'une d'entre elles met à profit les lentilles gravitationnelles faibles, et les déformations des galaxies d'arrière-plan par une seule galaxie d'avant-plan. Comme ces déformations sont beaucoup trop faibles pour être détectées individuellement, des milliers de galaxies sont empilées et replacées au centre de l'image « moyenne », et les déformations additionnées autour de cette galaxie « typique ». Ainsi cette méthode mesure l'ellipticité moyenne des halos, et tend à les rendre sphériques s'ils ne sont pas orientés de la même façon que les galaxies de matière visible situées en leurs centres, qui servent à les aligner. L'ellipticité moyenne ainsi trouvée est supérieure à 0,33, c'est-à-dire un rapport d'axes inférieur à 0,67. Ce rapport d'axes est en accord avec le modèle CDM, mais non avec le SIDM.

Une autre méthode pour mesurer l'aplatissement des halos repose sur l'étude des galaxies à anneau polaire, où la vitesse de rotation du gaz peut être mesurée à la fois dans les plans équatorial et polaire. Une autre encore consiste à étudier la dynamique des disques de gaz dans la direction perpendiculaire à leur plan :

le gaz s'évase et se gauchit, et trace ainsi l'épaisseur du puits de potentiel dans cette direction. Ces méthodes n'ont pas encore pu être appliquées à de grands nombres de galaxies, mais elles tendent plutôt à confirmer l'aplatissement significatif des halos noirs.

Les collisions entre particules de matière noire, si elles existaient, seraient équivalentes à une pression exercée sur et dans les halos. Lorsqu'une galaxie orbite avec une certaine vitesse à l'intérieur d'un halo plus grand, comme celui d'un amas de galaxies, il se produit un phénomène de pression dynamique, proportionnelle au carré de la vitesse relative. En quelque sorte, le halo galactique est « épluché » par le vent exercé par l'amas de galaxies, et son rayon est réduit bien en deçà du rayon de marée. Ce phénomène se produit pareillement dans les interactions de galaxies, et les modèles SIDM prédisent des halos tronqués à des rayons plus petits que dans les modèles CDM.

Cette prédiction est un bon point en faveur du modèle SIDM, car les observations tendent en effet à montrer que les halos noirs des galaxies naines du groupe local sont assez peu étendus en rayon, environ quatre fois leur rayon optique, soit deux fois moins que les prédictions des modèles CDM.

En outre, l'extrême concentration de matière noire au centre des galaxies, le problème des cuspides (voir chapitre 5), pourrait être résolu par l'introduction de particules de matière noire en collisions, qui engendrent un chauffage. Cependant, si les distributions radiales obtenues dans les simulations ressemblent pendant un certain temps à des cœurs de densité constante pour certaines valeurs de la section efficace de collision, le problème est que la taille des cœurs varie d'une galaxie à l'autre, et pour résoudre le problème de la distribution de matière noire dans les galaxies naines, il faudrait sélectionner une valeur de la section efficace de collision adaptée pour chaque galaxie. Malheureusement, aucune valeur unique de cette section efficace ne réussit à reproduire toutes les observations.

D'autre part, après un certain temps de relaxation, le cœur s'effondre et forme une cuspide avec une loi de densité encore plus abrupte qu'auparavant. C'est l'effondrement gravitationnel qui s'emballe. Cette étape est une vraie catastrophe gravothermale, qui se produit plus ou moins rapidement, selon la valeur du libre parcours moyen supposé des particules de matière noire, et finalement le cœur s'effondre en trou noir. En fait, le passage à la physique collisionnelle ne fait qu'exacerber le problème des cuspides. Des essais de variation de la section efficace en fonction de la vitesse des particules, ou bien la prise en compte de l'accrétion continue de matière pour continuer à chauffer le cœur, ont montré qu'il peut exister un petit domaine de valeur des paramètres qui permet la construction de halos noirs convenables pendant un certain temps, mais que l'équilibre est rompu dès que les baryons provoquent la contraction du composant de matière noire.

Comme le changement des lois physiques pour la matière noire n'a pas résolu les problèmes rencontrés à l'échelle des galaxies, deux pistes s'offrent encore pour tenter de trouver une solution : la première est d'explorer les phénomènes complexes apportés par les baryons, et qui peuvent modifier le comportement de la matière noire. La deuxième va plus loin, et explore des lois de gravité modifiées. Nous allons les examiner successivement.

PREMIÈRE PISTE : UNE MEILLEURE CONNAISSANCE DES PROCESSUS BARYONIQUES COMPLEXES

Un espoir de solution abondamment étudié est de supposer que les phénomènes énergétiques affectant les baryons peuvent par ricochet affecter aussi la matière noire, en chauffant les cœurs denses au centre des galaxies, et en réduisant les pics de densité par l'éjection d'une partie de la matière. Ces phénomènes sont des contre-réactions, s'opposant à la concentration de matière.

Cette dernière donne lieu à des flambées de formation d'étoiles, qui s'autolimitent en éjectant ensuite de la matière : les étoiles jeunes et massives réagissent par des vents stellaires, dus à la pression de radiation sur la poussière, ce qui limite leur masse. Les étoiles en fin de vie, explosant en supernovæ, réinjectent beaucoup d'énergie mécanique dans le système environnant.

Les galaxies naines sont les plus affectées par ces explosions, qui éjectent le gaz à des vitesses de l'ordre de 100 km/s. Les galaxies de masse inférieure à environ 3.10^{10} Mo, dont la vitesse d'échappement est de cet ordre, perdent alors une grande partie de leur milieu interstellaire. Le gaz de la région de formation d'étoiles peut être éjecté violemment en dehors de la région, perpendiculairement au disque de la galaxie, direction de moindre résistance.

En général, les flambées de formation d'étoiles les plus violentes ont lieu au centre des galaxies, et le gaz est éjecté en un flot bipolaire, de part et d'autre du plan (figure 6.2). Cela limite non seulement la formation d'étoiles, mais aussi la concentration de matière. Cela pourrait aider à aplatir la distribution radiale de matière noire.

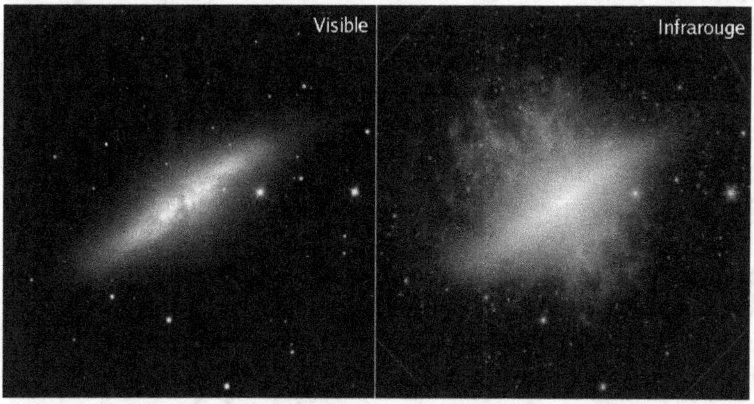

Figure 6.2 Flambée de formation d'étoiles dans la galaxie Messier 82, et manifestation des phénomènes énergétiques autorégulateurs

À gauche : Image de la galaxie dans le visible : il s'agit d'une galaxie naine, vue par la tranche, marbrée de traînées de poussière.

À droite : image en infrarouge moyen entre 3,6 et 8 microns de longueur d'onde, par le satellite Spitzer (NASA). Il est possible de voir les vieilles étoiles (disque blanc et bleu) dans la composante vue par la tranche, et la poussière (tracée ici en rouge par les PAH) qui est éjectée perpendiculairement au plan, en un flot bipolaire.

Les astronomes se sont emparés de cette piste pour effectuer des simulations numériques en essayant de prendre en compte ces phénomènes énergétiques. Malheureusement, l'énergie disponible dans la formation d'étoiles ne suffit pas à résoudre totalement le problème. L'éjection d'une grande fraction de la masse baryonique par des super-vents d'origine stellaire provoque bien une expansion de la matière noire, mais elle est insuffisante.

Il est aussi possible que la formation d'étoiles très tôt dans l'Univers ait provoqué par turbulence un milieu interstellaire de grumeaux, qui par friction dynamique, parviendraient à aplatir les profils de matière noire, encore en formation à cette époque. Mais cela ne peut se généraliser à tous les halos de matière noire.

Puisque les phénomènes liés à la formation d'étoiles semblent insuffisants, et sont surtout limités par le nombre total d'étoiles formées dans l'Univers (seule une très faible partie du gaz baryonique a été transformée en étoiles jusqu'à aujourd'hui), les astronomes se tournent maintenant vers d'autres phénomènes énergétiques, comme les noyaux actifs, et les trous noirs super-massifs qui leur donnent naissance, au centre des galaxies.

Les phénomènes de régulation présentés par les noyaux actifs ne sont pas limités par la formation d'étoiles, cependant ils ne peuvent intervenir qu'au sein des galaxies très massives, à sphéroïde, qui possèdent des trous noirs massifs. Cette méthode est donc complémentaire de l'autorégulation due à la formation stellaire qui, elle, est plus efficace dans les galaxies naines.

Un faible nombre de noyaux actifs émettent des jets de gaz ionisé de façon bipolaire, jets qui se déploient comme des bouffées de fumée très loin de la galaxie, et sont détectés par leur émission synchrotron en radio. Ces émissions des jets sont une des manifestations énergétiques des quasars ou radiogalaxies, et se produisent de façon intermittente. Ces jets peuvent entraîner une grande partie du gaz interstellaire, et ainsi empêcher la formation d'étoiles.

Ils peuvent aussi provoquer l'expansion locale de la matière noire. La figure 6.3 montre un exemple de jets radio se produisant au centre d'une galaxie spirale en interaction avec un compagnon, qui de façon surprenante ne forme pas beaucoup d'étoiles, mais expulse des flots de gaz vers l'extérieur.

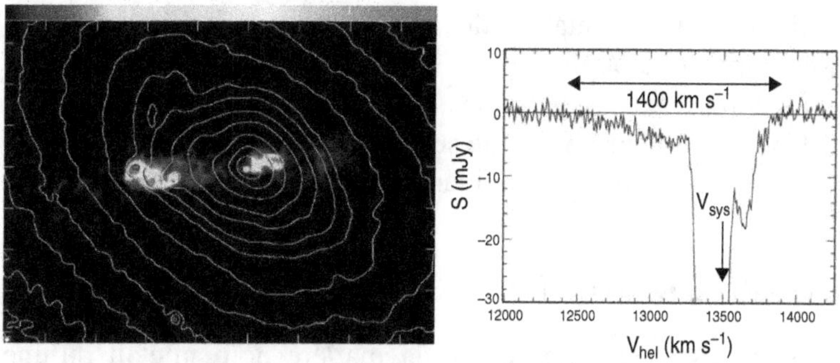

Figure 6.3 Illustration de l'influence du noyau actif sur la dynamique de la galaxie-hôte

À gauche : Émission de jets radio par le centre de la galaxie 3C293, en deux lobes de part et d'autre du centre (palette de couleur), avec les contours superposés de l'image proche infrarouge de la galaxie obtenue avec le télescope spatial Hubble (d'après Floyd *et al.* 2006).

À droite : Spectre d'absorption de l'hydrogène atomique HI à 21 cm, devant la radiosource 3C293, montrant l'existence d'un flot de gaz éjecté par la galaxie, à très grande vitesse, de l'ordre de 1 400 km/s (d'après Morganti *et al.* 2003). La raie d'absorption la plus profonde au centre est due au composant gazeux normal, en rotation, de la galaxie. L'aile de raie à gauche correspond à du gaz à grande vitesse qui s'échappe vers l'observateur (absorption dans le bleu). La galaxie abritant la radiosource 3C293 est une galaxie spirale à morphologie particulière, qui semble provenir de l'interaction/fusion avec un compagnon. Les perturbations de marée se voient sur les traînées de poussière, et sur la cinématique perturbée du gaz. De façon surprenante, la galaxie n'est pas le siège de flambées de formation d'étoiles, malgré l'abondance de gaz atomique et moléculaire. Il se pourrait que l'activité du noyau, ayant donné naissance aux jets de plasma émettant en radio, entraîne le gaz neutre en dehors de la galaxie, dans des flots très rapides, qui empêchent la formation d'étoiles.

Les jets de plasma peuvent être dirigés de façon aléatoire au cours du temps et balayer un grand volume autour du noyau actif. Le chauffage du gaz autour de lui permet d'expliquer la modération des flots de refroidissement au centre des amas (figure 3.10), et représente un cas typique d'autorégulation de l'alimentation des trous noirs super-massifs.

Par conséquent, les processus de régulation de la formation stellaire et d'alimentation des noyaux sont intimement liés, ce qui fournit une explication à la relation entre masse des trous noirs et masse des sphéroïdes.

Une solution plus radicale serait d'utiliser les modèles tentant de remplacer le modèle standard ΛCDM.

GRAVITÉ MODIFIÉE

Et si l'existence supposée de la matière noire n'était qu'une façon de cacher une modification plus importante des lois physiques, une modification des lois de la gravité ? C'est en tout cas la piste qu'il faudra explorer très sérieusement si aucune particule correspondant à la matière noire non-baryonique n'est découverte dans les grands accélérateurs.

On a fait de nombreuses propositions pour modifier la forme de la force de gravité, ou la forme de la loi de l'inertie. Il n'en existe qu'une qui réussisse aussi parfaitement à expliquer les courbes de rotation des galaxies, et plus généralement la physique à l'échelle des galaxies, comme la loi de Tully-Fisher ; c'est la théorie MOND, proposée par le physicien israélien Moti Milgrom en 1983. MOND est un acronyme pour *MOdified Newtonian Dynamics*. Au départ, il s'agissait essentiellement d'une modification empirique de la forme de la force, ou potentiel gravitationnel, en fonction de la distance.

La modification est suggérée par l'observation :

- que les courbes de rotation des galaxies (c'est-à-dire la distribution de la vitesse selon le rayon) tendent vers une valeur presque constante à grand rayon, au lieu de tomber de façon képlérienne lorsqu'il n'y a plus de masse (figure 6.4) ;
- et que le rayon à partir duquel ce comportement se met en place varie d'une galaxie à l'autre, mais correspond toujours à une valeur donnée de l'accélération a_0.

Le point crucial ici est bien que la donnée commune entre les courbes de toutes les galaxies, de type très différent, n'est pas une distance particulière, mais une accélération.

C'est pourquoi les théories qui se fondent sur une modification de la gravité en fonction de l'échelle, avec rayon caractéristique, sont vouées à l'échec.

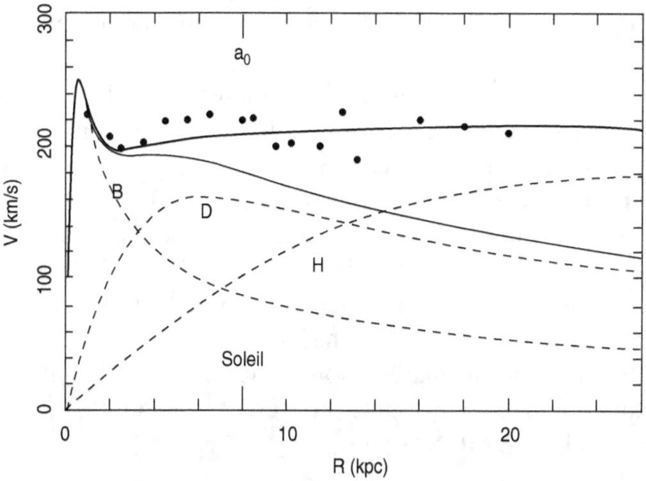

Figure 6.4 Courbe de rotation de notre galaxie

Vitesse de rotation de notre galaxie, la Voie Lactée, en fonction de la distance au centre (R en kpc). Le Soleil est situé à 8 kpc du centre. Les cercles pleins indiquent une compilation des points de mesure, provenant du gaz neutre, ionisé, ou autres traceurs stellaires. Les mesures sont très incertaines à grande distance. Les courbes en pointillé indiquent les contributions modélisées du bulbe (B), du disque (D) et du halo noir (H). L'ensemble de ces trois composantes donne la courbe en gras, qui ajuste les points de mesure, avec la gravité de Newton. La courbe pleine est la seule contribution de la matière visible (bulbe plus disque). Noter qu'à chaque rayon, la sommation des contributions se fait par le carré des vitesses, dans le régime newtonien.

C'est au niveau du Soleil que l'accélération critique a_0 de MOND est atteinte. Notre région se trouve donc au milieu du régime intermédiaire entre Newton et MOND. L'application de la loi de gravité modifiée permet d'ajuster les points de mesure avec les composants visibles uniquement, sans avoir besoin d'ajouter le halo noir.

Les galaxies spirales, dont la courbe de rotation est bien connue (grâce à la raie émise par le gaz atomique HI à 21 cm), très loin de la fin de la masse visible constituée essentiellement par des étoiles, sont de diverses sortes, et leur fraction de matière noire requise peut varier dans de grandes proportions.

En règle générale, les galaxies massives ont proportionnellement moins de matière noire. Et en effet, la valeur de l'accélération critique a_0 est obtenue plus loin en rayon, étant donnée leur forte masse.

Les petites galaxies naines irrégulières possèdent beaucoup de gaz, et leur courbe de rotation montre qu'elles sont dominées par la matière noire. L'efficacité de formation d'étoiles dans ces petits objets a été si faible dans le passé, que la masse d'étoiles reste aujourd'hui bien inférieure à la masse de gaz. Ces galaxies dominées par la matière noire sont un vrai laboratoire pour étudier cette matière noire, car l'incertitude du rapport M/L des étoiles ne gêne pas sa détermination. Le profil de masse est un traceur direct de la matière noire (ou de la gravité modifiée), sans que d'autres composants interfèrent beaucoup.

Le principe de MOND est que :

- Lorsque l'accélération est supérieure à la valeur critique a_0, la gravité est newtonienne, soit $g_N = GM/r^2$ (où G est la constante de la gravitation, et M la masse).
- Au-delà, la force ne décroît plus comme $1/r^2$, mais en $1/r$ (le potentiel n'est plus en $1/r$, mais logarithmique). L'accélération dans le régime MOND est $g_M = (a_0\, g_N)^{1/2}$. Cette accélération étant toujours égale à V^2/r, il est facile de voir que dans cette relation le rayon disparaît. Asymptotiquement, les courbes de rotation tendent vers une constante V_{rot}, telle que $V_{rot}^4 = a_0\, GM$; ce qui donne la loi de Tully-Fisher, si le rapport M/L des étoiles peut être considéré comme presque constant.

Bien entendu, entre le régime newtonien, en général vérifié au centre des galaxies spirales, et le régime MOND dans les parties externes, le système passe continûment par un régime intermédiaire, et les comportements schématiques ci-dessus ne sont que des comportements asymptotiques. Il existe plusieurs versions de la force de gravité dans ce régime intermédiaire, et la forme exacte devrait être donnée expérimentalement. La valeur de a_0 qui reproduit les courbes de rotation est $a_0 = 1{,}2.10^{-10}$ m/s^2, soit une accélération extrêmement faible, lorsque l'on se rappelle que l'accélération de la pesanteur sur Terre est de 10 m/s^2.

Un des grands succès de MOND est qu'un seul paramètre a_0 permet de représenter toutes les courbes de rotation (figure 6.5). Par comparaison, le modèle ΛCDM requiert beaucoup de paramètres libres pour arriver au même résultat. En effet, pour chaque galaxie, il faut ajouter une quantité variable de matière noire, et la distribution radiale doit être ajustée au profil de la courbe de rotation. Comme chaque galaxie a ses propres paramètres, une infinité de paramètres sont alors nécessaires.

De nombreux processus de la dynamique des galaxies restent encore à considérer sous l'angle de la gravité modifiée.

Jusqu'à présent, le modèle reproduit très bien les échelles galactiques, mieux que le modèle ΛCDM : solution du problème des cuspides, de l'amplitude de la matière noire, de la conspiration entre matière visible et invisible pour produire des courbes de rotation plates, de la stabilité et de la signature des bras spiraux dans la courbe de rotation, etc.

En revanche, dans le régime MOND, la dynamique des galaxies devient moins intuitive, la loi de la gravité n'est plus linéaire : la force d'attraction due à une masse A et une masse B réunies en un point n'est pas la somme des forces dues à A et B séparées.

Un formalisme lagrangien a très tôt été mis en place pour représenter la théorie MOND et satisfaire toutes les lois de conservation. Dans ce contexte, le mouvement d'un objet composé, comme une étoile ou un amas d'étoiles, est indépendant de son accélération interne, et se définit comme le mouvement du centre de gravité dans le champ externe, qui peut se situer dans le régime MOND.

Une justification plus satisfaisante à ce modèle a été obtenue par Jacob Bekenstein en 2004. Celui-ci a introduit une théorie relativiste et covariante, faisant intervenir un champ tenseur, vecteur et scalaire (TeVeS). Cette théorie remplace la relativité générale d'Einstein dans les domaines où domine le problème de la matière noire. Par exemple, MOND est maintenant capable d'expliquer les phénomènes de lentilles gravitationnelles.

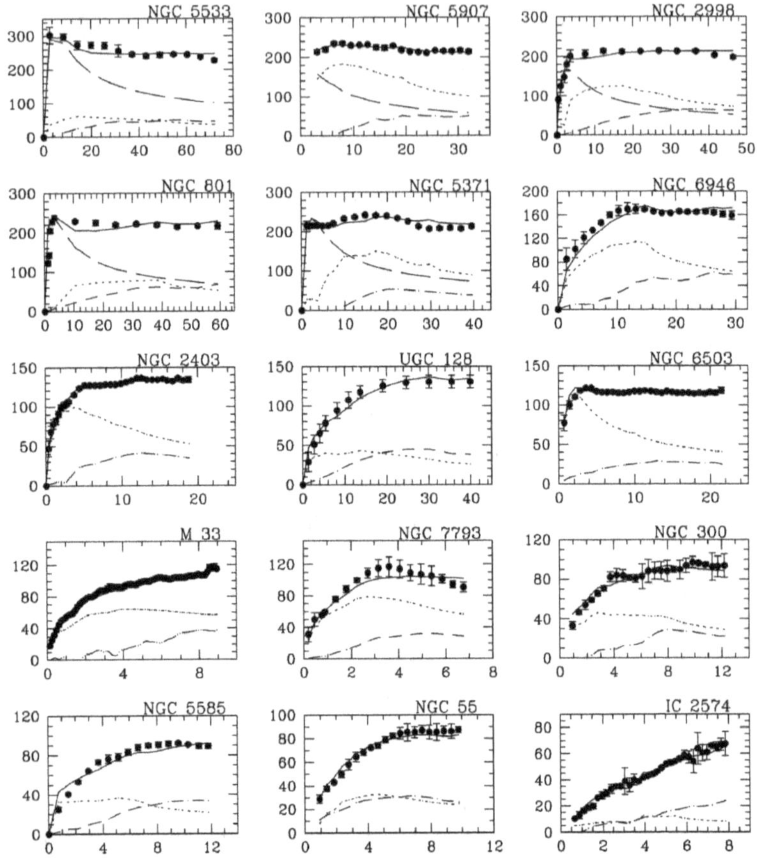

Figure 6.5 Courbes de rotation d'un échantillon de différents types de galaxies (dont les noms sont indiqués sur chaque panneau)

L'axe horizontal est la distance au centre, en kpc (ou 3 260 années-lumière). L'axe vertical est la vitesse de rotation, en km/s. Les points représentent la mesure de la vitesse par effet Doppler sur la raie de l'hydrogène atomique à 21 cm de longueur d'onde, avec leurs barres d'erreur. Les courbes en pointillé et point-tiret sont les vitesses de rotation attendues dans le régime newtonien à partir du composant visible des étoiles et du gaz HI lui-même. Parfois est rajoutée une courbe en tiret long qui représente la contribution du bulbe, lorsqu'il y en a un. Les courbes en trait plein représentent les prédictions de MOND, en prenant en compte le gaz et les étoiles, avec un rapport M/L constant. Noter que les galaxies sont massives en haut (grande vitesse de rotation, dépassant 300 km/s) ou naines en bas (vitesse ne dépassant pas 80 km/s), et que la contribution du gaz et de la « matière noire » croît du haut vers le bas. MOND parvient à expliquer toutes les observations, avec un seul paramètre (a_0), quelle que soit la fraction de matière invisible, qui varie beaucoup d'une galaxie à l'autre (d'après Sanders & McGaugh 2002).

PROBLÈME DE MOND DANS LES AMAS DE GALAXIES

Si les succès de MOND sont remarquables à l'échelle des galaxies, il rencontre des problèmes à l'échelle des amas de galaxies.

En effet, dans les galaxies, les effets de la matière noire se font sentir surtout à l'extérieur. En revanche dans les amas de galaxies, c'est surtout au centre qu'il manque de la matière, lorsque l'accélération est relativement forte, c'est-à-dire dans le régime newtonien ou intermédiaire. Les amas riches de galaxies sont des régions très spéciales de l'Univers, où presque toute la matière baryonique est visible. Le gaz qui constitue les baryons noirs dans le reste de l'Univers a été chauffé par des chocs lors de la formation de l'amas, et représente près de 10 fois la masse visible des galaxies. La matière noire dans les amas est cartographiée par les lentilles gravitationnelles et par l'équilibre hydrostatique du gaz chaud émetteur de rayons X.

Ces deux méthodes concordent pour donner un profil concentré, et la masse totale de matière noire est 5 fois la masse baryonique, comme dans le reste de l'Univers. Le modèle MOND parvient à réduire la nécessité de matière noire non-baryonique, mais pas complètement.

La solution consiste alors à recourir aux neutrinos, dont la masse exacte est encore inconnue. En choisissant une valeur compatible avec l'incertitude actuelle (environ 10 % du contenu de l'Univers en neutrinos), on peut expliquer la dynamique des amas.

Les amas de galaxies ne sont pas toujours en équilibre, et des sous-structures et sous-amas fusionnent pour en former de plus gros.

Figure 6.6 Image de la collision entre deux amas de galaxies

Superposition de l'émission X du gaz chaud (en rouge) et de la masse projetée (en bleu) dans l'amas de galaxies 1E 0657-56, familièrement appelé « boulet ». La distribution de masse projetée sur le ciel correspond à la masse des amas reconstruite par lentilles gravitationnelles (déformations des galaxies d'arrière-plan). On distingue nettement deux amas. Le plus petit, à droite, semble avoir traversé (comme un boulet de canon) le gros à gauche. Dans cette collision, le gaz chaud du sous-amas a entraîné le gaz chaud du grand amas, et a été freiné, si bien que les deux gaz sont plus rapprochés que les deux masses. La pointe de couleur rouge à droite montre clairement une onde de choc en forme d'arc, qui est le résultat de la traversée. Gaz X et masses projetées sont aussi superposés à l'image optique montrant les galaxies individuelles. Le comportement différent, lors de la collision, du gaz chaud et des masses stellaires et matière noire permettent de séparer les trois composants, et de tester les modèles (d'après Clowe *et al.* 2006).

Un cas très atypique de collisions entre deux amas de galaxies a donné récemment lieu à un débat animé, concernant la nature de la matière noire. Dans cette structure 1E 0657-56 que l'on appelle familièrement l'« amas-boulet », un sous-amas est en train de traverser l'amas le plus massif, et cette traversée crée une onde de choc en forme d'arc caractéristique dans le gaz X, comme le montre la figure 6.6. Cette traversée rapide, à la vitesse de 4 500 km/s, de l'amas par le sous-amas, provoque le déplacement du gaz chaud par rapport à la masse totale, celle-ci étant cartographiée par effets de lentilles gravitationnelles produits sur les galaxies d'arrière-plan.

Le gaz chaud est déplacé quasiment en dehors de son puits de potentiel parent, contrairement à la situation à l'équilibre où il coïncide. Bien sûr, le gaz est hors d'équilibre, et il est difficile de connaître quelle masse il représente, mais il ne semble pas représenter une partie dominante de la masse, sinon la cartographie de la masse totale n'en serait pas complètement dissociée. Ce déplacement rare entre les diverses composantes est une occasion d'en apprécier les importances relatives. On peut l'interpréter en considérant cet exemple comme une preuve de l'existence de matière noire non-baryonique, qui ne suit pas le gaz chaud.

Pourtant, l'amas-boulet ne semble pas apporter au modèle MOND plus de problèmes que les autres amas. L'explication de la dynamique des amas dans MOND prend déjà en compte l'existence de 10 % environ de neutrinos, soit deux fois plus que de baryons. Les neutrinos n'interagissant pas avec le gaz chaud, et suivant aussi sans collisions l'ensemble des galaxies, se séparent d'avec le gaz. La déformation observée des cartes de masse dans la direction du gaz est tout à fait compatible avec le modèle MOND.

MOND ET LA FORMATION DES GALAXIES

Contrairement au régime newtonien, où la matière noire non baryonique est absolument nécessaire pour pouvoir former les structures et les galaxies, dans le régime MOND, les fluctuations primordiales croissent beaucoup plus vite, car l'attraction gravitationnelle est plus forte à grande distance. Il s'avère qu'il y a alors assez de temps depuis la recombinaison de l'hydrogène (300 000 ans après le Big-Bang) pour former les structures non-linéaires aujourd'hui.

Il est important de connaître les prédictions du modèle MOND sur les anisotropies du fond micro-onde cosmologique (figure 6.7). Chaque oscillation de cette courbe de puissance des fluctuations en fonction de la fréquence spatiale a une significa-tion. Les oscillations acoustiques sont amorties par les photons et leur pression, mais les baryons réagissent par leur attraction gravitationnelle pour les amplifier.

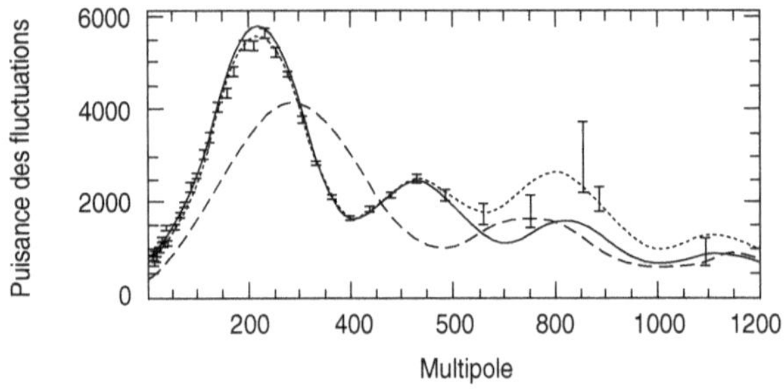

——— : Ω_Λ = 78 % Ω_υ = 17 % Ω_b = 5 % MOND

- - - - - : Ω_Λ = 95 % Ω_b = 5 %

.... : ΛCDM

Figure 6.7 Plusieurs théories rendent compte des oscillations acoustiques du fond cosmique

Comparaison des prédictions de plusieurs modèles avec les données de WMAP sur les anisotropies du fond micro-onde cosmologique (spectre de puissance des oscillations en fonction de la fréquence spatiale ou multipôle). Les points de mesure sont les barres verticales. La prédiction du modèle ΛCDM est la courbe en pointillé. Dans le cas de MOND, si l'on ne prend pas en compte les neutrinos, les prédictions (courbe en tirets) ne correspondent pas aux observations. Un des ajustements sans matière noire non-baryonique, avec des neutrinos à 17 %, des baryons à 5 % et le reste en énergie noire (78 %) dans un Univers plat, est plus satisfaisant (courbe pleine). Malheureusement, les points passent entre les modèles, et aucun ne reproduit parfaitement les données (d'après Skordis et al 2006).

Les neutrinos participent à ces oscillations, en phase ou non, selon que le mode est adiabatique ou iso-courbure. Le premier pic vient de la taille de l'horizon sonore à la recombinaison, et renseigne sur la courbure de l'Univers. Le deuxième pic provient de la réaction gravitationnelle de la matière, et est d'autant plus important qu'il y a plus de baryons dans l'Univers ; il apporte donc des contraintes sur le paramètre Ω_b. Pour le troisième pic, il est nécessaire d'avoir de la matière noire non-baryonique pour contrer la pression des photons, car les baryons sont lissés à ces petites échelles, et l'amplitude de ce pic nous renseigne sur la quantité de cette matière noire.

Comme on le voit sur la figure 6.7, aucun modèle actuel ne rend parfaitement compte des données, et chacun repart avec des interrogations. Il est possible que plusieurs modes d'oscillation se superposent, ou que d'autres paramètres concernant les conditions initiales soient à changer.

La formation des premières structures et des premières galaxies est encore un domaine largement inexploré dans le cadre des modèles de gravité modifiée. Des calculs préliminaires montrent que les structures se forment très tôt et les premières étoiles peuvent ré-ioniser l'Univers. Cela correspond aux observations du fond cosmologique et des raies d'absorption devant les quasars lointains.

Pourrait-on observer d'autres conséquences de la gravité modifiée à des échelles plus petites, plus proches de nous ?

Il se pourrait en effet que l'accélération aux bords du système solaire soit de l'ordre de l'accélération critique a_0. Une accélération anormale a été détectée par les satellites artificiels Pioneer, dès les années 1980, lorsqu'ils ont dépassé l'orbite de Jupiter. Plus exactement, à partir de 20 unités astronomiques de distance au Soleil, leur trajectoire ne peut être expliquée qu'en supposant une force d'attraction supplémentaire de l'ordre de 6 a_0 (ou 8.10^{-10} m/s^2). L'amplitude est un peu plus forte que ce qui est nécessaire pour expliquer les courbes de rotation des galaxies, mais il reste encore beaucoup d'incertitudes. L'observation repose sur des données acquises il y a une vingtaine d'années, et beaucoup d'hypothèses ont été testées depuis, y compris des caractéristiques des satellites Pioneer eux-mêmes, comme la fuite de gaz, etc. Le mystère subsiste.

INSTRUMENTS FUTURS : ALMA, JWST, ELT, SKA...

Si d'énormes avancées ont pu être effectuées ces dernières années pour comprendre le début de notre Univers et la formation des galaxies, il est clair qu'elles nous ont aussi ouvert des voies inconnues, et montré combien il reste à découvrir : le recensement du contenu de l'Univers nous révèle que la matière visible ne représente que moins de 1 % du total !

Une des grandes priorités est d'essayer d'élucider les mystères des composantes inconnues, énergie noire et matière noire, et de savoir si elles n'amènent pas des modifications drastiques de nos lois physiques. Pour préciser l'équation d'état de l'énergie noire, toute une batterie de moyens sera déployée, dans la décennie à venir, en Europe et aux États-Unis.

Au moins quatre grandes méthodes permettent d'attaquer le problème :

- les cartographies de lentilles gravitationnelles faibles, alliées à des données de spectroscopie à grande échelle ;
- les oscillations acoustiques baryoniques, à plusieurs décalages vers le rouge autour de $z = 1{,}5\text{-}2$, c'est-à-dire à l'époque où l'énergie noire commence à dominer le contenu de l'Univers ;
- l'observation d'un grand nombre de supernovae de type Ia à ces mêmes décalages vers le rouge ;
- le recensement des amas de galaxies dans un grand volume.

Dans tous les cas, ces méthodes ont besoin d'énormes statistiques, afin d'augmenter la précision sur les valeurs des paramètres, jusqu'à obtenir 1 % de précision. Aujourd'hui, l'équation d'état qui relie la pression et l'énergie de l'énergie noire est connue à 10 % près, mais dans cette gamme d'incertitude de nombreux modèles sont compatibles, tels que la constante cosmologique, l'existence d'un cinquième élément (la quintessence), et beaucoup d'autres possibilités.

Pour tous les traceurs envisagés, que ce soit la cartographie des lentilles gravitationnelles, des oscillations baryoniques, des amas de galaxies ou des chandelles standard que sont les supernovæ, il faut observer une grande partie du ciel, ne serait-ce que pour éviter les effets de variance cosmologique. Autrement dit, il faut être sûr que l'on ne s'est pas intéressé uniquement à une région « particulière » de l'Univers.

Pour détecter et suivre les courbes de lumière des supernovæ, la NASA envisage de lancer un télescope spatial dédié, qui aurait la même taille (2 m de diamètre) que le télescope Hubble, mais qui aurait un grand champ, afin de pouvoir couvrir une grande partie du ciel. Le même instrument pourrait aussi faire la cartographie des lentilles gravitationnelles, et pourrait obtenir des millions de décalages vers le rouge au moins photométriques, par photométrie multifiltres. Nul besoin de préciser que les instruments requis pour obtenir un volume de données aussi grand sont géants, et les coûts impressionnants.

Des instruments au sol moins coûteux sont aussi envisagés, même s'ils sont moins performants en termes d'imagerie. Sont aussi considérés des télescopes de la classe des 10 m au sol, avec un grand champ, dédiés à la spectroscopie, mais aussi le radiotélescope révolutionnaire SKA (dont nous reparlerons plus bas), qui permettra de faire aussi la cartographie des lentilles gravitationnelles en radio, sur presque tout le ciel. De plus SKA pourra faire la spectroscopie exacte avec la raie radio de l'hydrogène d'un milliard de galaxies, permettant une quantification des oscillations baryoniques sans précédent.

Comme nous l'avons décrit au chapitre 2, la détection et l'observation des bébés galaxies dans leurs cocons au début de l'Univers va progresser énormément dans les longueurs d'onde millimétriques, et pour ce faire une collaboration internationale comprenant les États-Unis et le Canada, l'Europe, le Japon et le Chili, s'est mise en place pour construire un réseau de plus de 50 antennes sur le plateau d'Atacama au Chili (figure 6.8). Le site permet d'étendre le réseau sur 14 kilomètres, pour faire de l'interférométrie sur la plus grande base possible, et gagner en résolution spatiale. Les fréquences utilisées vont de 30 à 950 GHz, correspondant à des longueurs d'ondes entre 0,3 et 10 millimètres. L'altitude du plateau est de 5000-5500 m, ce qui en fait le meilleur site au monde pour l'astronomie, après le pôle sud. La sécheresse y est remarquable, ce qui est une condition requise, car dans ces fréquences, les raies de la vapeur d'eau de l'atmosphère terrestre limitent la transparence. La taille de la plupart des antennes est de 12 m, et un réseau auxiliaire d'antennes de 7 m permettra de compléter certaines fréquences spatiales avec plus de champ de vue. La corrélation croisée des signaux provenant de toutes ces antennes va engendrer un nombre d'opérations par seconde encore jamais atteint : $1{,}6.10^{16}$, soit 16 Petaflops.

Figure 6.8 Vue d'artiste du réseau d'antennes submillimétriques ALMA

Plus de 50 antennes seront rassemblées au début des années 2010 sur ce plateau géant d'Atacama au Chili, un des sites les plus secs de la planète, à 5 500 m d'altitude. C'est un projet mis en place par les pays nord-américains, les Européens et le Japon, en coopération avec le Chili. (© ESO).

Si les opérations se feront sur le haut plateau Llano de Chajnantor, le principal site de travail se trouvera plus bas, près du village de San Pedro de Atacama. ALMA sera le plus grand télescope au sol dans la décennie 2010, et le plus grand réseau d'antennes mondial. L'un des principaux programmes phares qui y sera mené est l'étude des galaxies à grand décalage vers le rouge, et de leur formation depuis le début de l'Univers. Mais ALMA pourra aussi beaucoup apporter à la compréhension de la formation des étoiles et de leur cortège proto-planétaire, une phase embryonnaire où les objets étaient aussi enfouis dans leurs cocons de poussière. Non seulement ALMA pourra détecter les objets les plus faibles, à tout décalage vers le rouge, par l'émission thermique de la poussière, mais pourra aussi renseigner sur la physique des objets, leur cinématique et leur masse, leur contenu en gaz et l'efficacité de formation d'étoiles par les raies des molécules fortement décalées vers le rouge.

De façon complémentaire, les galaxies distantes seront observées dans les longueurs d'ondes visible et infrarouge, afin d'étudier leur contenu en étoiles et en gaz ionisé. Les objets, étant très peu lumineux, demandent une grande surface de télescope, et un télescope de 42 m de diamètre est envisagé par les Européens (figure 6.9). Dans le même temps, les États-Unis étudient un télescope de 30 m de diamètre.

Cette nouvelle génération de télescopes ne se conçoit qu'avec l'aide de l'optique adaptative, qui corrige en temps réel les perturbations de l'image dues à la turbulence atmosphérique. Aujourd'hui, cette correction se fait couramment en comparant le front d'onde avec celui provenant d'une étoile brillante du même champ de vue. Mais cela ne permet d'étudier qu'une partie infime du ciel, à côté des étoiles assez brillantes. Cette correction ne peut se faire sur une grande partie du ciel qu'avec l'aide des étoiles laser, points lumineux artificiels, qui sont en train de se généraliser autour des grands télescopes.

Les instruments de spectroscopie derrière ces télescopes géants sont des monstres à trois dimensions permettant de réaliser des spectres de chaque point de l'image, en guidant les photons de chaque pixel, par des fibres ou des micromiroirs, vers un spectrographe.

Comme aujourd'hui pour les études couplées du télescope spatial Hubble pour l'imagerie, et des télescopes de la classe des 10 m au sol pour la spectroscopie, ces télescopes géants au sol seront couplés au futur télescope spatial, le JWST (*James Webb Spatial Telescope*). C'est un télescope de 6,5 m optimisé pour un fonctionnement en infrarouge. Il sera lancé par la NASA au point de Lagrange, à 1,5 million de km de la Terre, vers 2013.

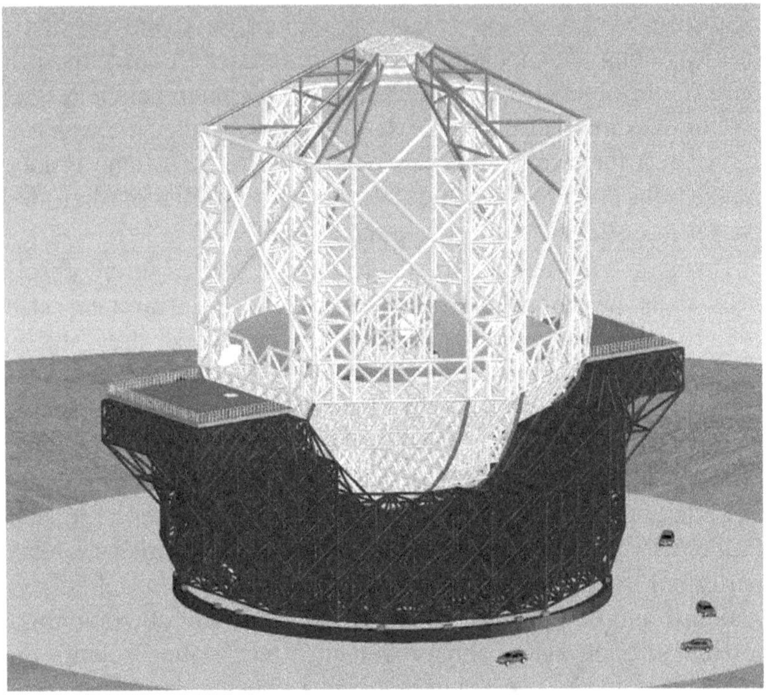

Figure 6.9 Plan de la structure de E-ELT (*European Extremely Large Telescope*), un télescope de 42 m de diamètre, dont le site n'est pas encore fixé (Chili, Canaries...)

Sa grande surface permettra de sonder les premières galaxies et les premières étoiles dans l'Univers. L'observation se fera avec optique adaptative, grâce à laquelle les déformations du front d'onde par la turbulence atmosphérique sont corrigées en temps réel par comparaison avec les rayons lumineux provenant d'une étoile laser. (© ESO).

SKA (*Square Kilometer Array*) est un projet de télescope d'un km^2, soit d'un million de mètres carrés pour la radioastronomie centimétrique-métrique. L'ensemble devrait être constitué d'un millier d'antennes, réparties sur 3 000 km, avec toutefois la moitié des antennes concentrée dans une région de 5 km de long (figure 6.10).

Ce radiotélescope géant devrait être 100 fois plus sensible que les instruments actuels. Il opérera sur les fréquences 0,15 à 25 GHz (soit des longueurs d'onde de 1,2 cm à 2 m), et son champ de vue sera au minimum de plusieurs degrés carrés à la longueur d'onde de la raie de l'hydrogène atomique de 21 cm.

Grâce aux nouvelles technologies basées sur la puissance et la compacité des systèmes, le réseau d'antennes pourra reconstruire de façon électronique sa direction d'observation, et ainsi observer dans 8 directions différentes, simultanément 8 champs de vue indépendants. Par interférométrie à longue base (jusqu'à 3 000 km), sa résolution angulaire sera typiquement de 10 milliarc-seconde à 21 cm de longueur d'onde.

Figure 6.10 Vue d'artiste de la partie centrale de l'instrument SKA (*Square Kilometer Array*)

Deux sortes d'antennes permettent de couvrir le grand domaine de fréquences, de 1,2 cm à 2 m de longueurs d'onde. À haute fréquence, les petits paraboloïdes orientables, et à basse fréquence, les tuiles fixes au centre. Toutes les antennes seront munies de réseaux phasés en tant que récepteurs, ce qui permettra de reconstruire électroniquement plusieurs directions d'observations simultanées. (© ESO).

La communauté internationale portant le projet est constituée de plus de 15 pays, dont les États-Unis, l'Australie, le Canada, la Chine, l'Inde, l'Afrique du Sud et un certain nombre de pays européens, dont la France. Dès sa mise en opération en 2020, l'instrument aura un impact unique sur l'observation des premières galaxies et premières étoiles, sur la détermination de la nature de l'énergie noire, sur l'étude de la ré-ionisation et de la fin de l'âge obscur de l'Univers. Grâce à l'observation de grand nombre de pulsars, il pourra explorer la gravitation en champ fort, responsable de la fusion de trous noir par émission d'ondes gravitationnelles. Si une vie extraterrestre existe et émet des ondes radio dans un endroit de la Voie Lactée, SKA pourrait être capable de les détecter.

Grâce à SKA, des avancées scientifiques majeures sont prévues en cosmologie et en astrophysique extragalactique : actuellement on peut cartographier une galaxie spirale « standard » en raie HI à 21 cm jusqu'à un décalage vers le rouge de z = 0,03 seulement, par manque de sensibilité. Avec SKA on atteindra facilement z = 2 et l'on pourra mesurer les profils des raies HI des galaxies jusqu'à z~6. Cela donnera accès aux distances, champs de vitesses et courbes de rotation de millions de galaxies. Pour la détermination de la nature de l'énergie noire, l'étendue des statistiques apportera une grande précision. SKA sera un instrument imbattable, et pourra mesurer les profils de la raie HI d'un milliard de galaxies jusqu'à z = 2 réparties sur le ciel entier. Sur trois ans, cela veut dire la mesure spectroscopique d'un million d'objets par jour !

La construction du réseau pourrait débuter vers 2012, et en 2013- 4, environ 10 % de la surface finale devrait être construite, ce qui permettra de commencer des programmes scientifiques dès 2014. La surface totale devrait être opérationnelle en 2020.

Un instrument précurseur de SKA, appelé LOFAR (*Low Frequency Array*) est déjà en construction aux Pays-Bas. C'est aussi un radiotélescope de nouvelle génération, mais aux basses fréquences (longueurs d'onde supérieures à 1,2 m). Le coût de l'instrument est dominé par l'électronique, et non plus par les antennes elles-mêmes, qui se réduisent à un grand nombre d'unités fixes (25 000 sur 350 km). Le signal sera rapidement corrélé et retraité pour observer dans la direction voulue. Le débit devra être de plusieurs Tera-bits/s, et les capacités de calcul des dizaines de Teraflops. L'époque de ré-ionisation de l'Univers pourra déjà être étudiée avec cet instrument, qui correspondra à 10 % de la surface de SKA. Des résultats pourraient être obtenus dès 2010.

***

L'astronomie a connu une avancée considérable ces dernières années. La cosmologie et la formation des structures, qui sont longtemps restées un domaine de spéculations, quasi métaphysique, sont devenues aujourd'hui une science de précision. Nous pouvons étudier en direct la formation et l'évolution des galaxies, en remontant le temps avec des télescopes puissants. Nous commençons à appréhender le contenu de l'Univers.

Pourtant, la plus grande part de ce contenu reste mystérieuse, et il semblerait que nous ne connaissions avec certitude la nature que de moins de 1 % du total.

Le début de l'Univers est un vrai laboratoire de physique fondamentale, nous permettant d'expérimenter sur des particules possédant des énergies sans commune mesure avec celle des accélérateurs sur la Terre.

Sommes-nous à un tournant de la physique fondamentale, un palier de la Science, qui avance par grandes discontinuités, par révolutions espacées de périodes de consolidation des connaissances ?

Faut-il remettre en cause la loi de la gravité de Newton et d'Einstein, afin de résoudre les problèmes de matière noire et d'énergie noire, ou bien ces composants existent-ils bel et bien ?

Dans les prochaines décennies, les instruments sur lesquels les astronomes et les physiciens travailleront pourraient nous donner la réponse. Nous vivons une époque formidable !

Glossaire

ALMA (*Atacama Large Millimeter Array*). Réseau de télescopes dans le domaine submillimétrique (de 0,3 à 3 mm de longueur d'onde), actuellement en construction sur le plateau de Chajnantor, au Chili (voir chapitre 6).

Amas globulaires. Amas d'étoiles très compacts, comprenant environ 100 000 étoiles dans un volume sphérique de quelques parsec de rayon. Il en existe une centaine dans notre galaxie, et ils sont très vieux. Par contre, ils peuvent être plus jeunes dans d'autres galaxies, notamment lorsqu'ils se forment au cours des fusions de galaxies, à l'occasion des flambées de formation d'étoiles qui y sont déclenchées.

CDM (*Cold Dark Matter ou Matière noire froide*). Modèle de matière noire non-baryonique, faite de particules qui ne sont pas relativistes, lorsqu'elles se découplent du plasma au début de l'Univers, juste après le Big-Bang.
On dit que des particules restent couplées avec la soupe initiale, si elles peuvent entrer en collision, à un taux non négligeable, avec le reste des particules, notamment avec leurs antiparticules pour donner des photons. Il faut pour cela que leur section effi-

cace de collision σ soit suffisamment grande pour que le temps de collision ($\tau = 1/n\sigma v$) soit inférieur à l'âge de l'Univers.

Initialement, les densités (n) sont si grandes que toutes les particules sont en équilibre thermique. Mais très vite les densités décroissent par expansion, et les particules se découplent.

Dans les premières secondes, la température de l'Univers est si élevée que particules et antiparticules de masse m sont relativistes et en équilibre avec les photons thermiques, dont l'énergie $h\nu$ est supérieure à l'énergie de masse des particules mc^2. Le nombre de ces particules est alors variable, puisqu'elles peuvent être créées spontanément (en même temps que leurs antiparticules), à partir des photons.

Lorsque, par expansion, la température T tombe en dessous de $kT \sim mc^2$, la vitesse des particules devient non-relativiste, et le nombre de ces particules décroît alors comme $\exp(-mc^2/kT)$.

C'est après cette époque que se produit le découplage concernant les particules froides. Celles-ci n'entrent plus en collision avec leurs antiparticules, et leur nombre devient alors fixé par unité de volume comobile (mise à part une faible fraction qui se désintègre ou s'annihile encore).

COBE (*COsmic Background Explorer*). Lancé par la NASA en 1989 pour étudier le fond cosmologique micro-onde, il fut le premier télescope en orbite à découvrir que les fluctuations qui ont ensuite donné naissance aux grandes structures et aux galaxies n'étaient, à grande échelle, que de l'ordre de 10^{-5} à l'époque de la recombinaison de l'Univers, ce qui est insuffisant pour expliquer l'existence des galaxies actuelles. Il a été alors nécessaire d'imaginer le rôle de la matière noire non-baryonique. http://lambda.gsfc.nasa.gov/product/cobe/

Décalage vers le rouge. Dû à l'expansion de l'Univers, il est souvent interprété comme un effet Doppler des galaxies qui s'éloignent de nous dans l'expansion, mais en réalité, il s'agit de la longueur d'onde des photons qui s'étire dans les mêmes proportions que l'expansion de l'échelle caractéristique de l'Univers R(t), les galaxies étant en fait toutes immobiles, seulement agitées de leurs mouvements désordonnés locaux.

Downsizing. Effet observé qui révèle que les plus grosses galaxies se sont formées très tôt dans l'Univers (du moins leurs étoiles sont-elles les plus vieilles), et que les galaxies les plus actives en formation d'étoiles et les plus jeunes aujourd'hui sont les plus petites.

Ce phénomène caractérise aussi les trous noirs super-massifs au centre des galaxies. Les plus gros semblent s'être formés il y a longtemps, et la période où les quasars lumineux étaient nombreux est déjà passée ; aujourd'hui ne sont actifs que les plus petits noyaux de galaxies.

Eddington (limite de). Valeur de luminosité qu'un astre ne peut dépasser : au-delà, la pression de radiation contrebalance la gravité et les constituants au voisinage de l'astre sont éjectés. Sir Arthur Eddington était un astrophysicien anglais, qui au début du XXe siècle a déterminé cette limite pour les étoiles. Cette limite s'applique aussi aux trous noirs.

ELT (*Extremely Large Telescope*). Nouvelle génération de télescopes optique/infrarouge au sol. En particulier, le projet européen E-ELT est un télescope de 42 m de diamètre (*cf.* http://www.eso.org, Voir chapitre 6). Entre aussi dans cette catégorie le projet américain TMT de 30 m de diamètre (*Thirty Meter Telescope*).

ERO (*Extremely Red Object*). Galaxies sélectionnées par leur couleur extrêmement rouge, pour étudier les galaxies très distantes, ou des flambées de formation d'étoiles très rougies par la poussière. En fait, il se pourrait qu'il y ait aussi dans cette classe des objets de populations stellaires très vieilles. Voir chapitre 2.

ESO (*European Southern Observatory*). Aussi dénommé « Observatoire européen austral », réunit plusieurs pays européens, dès 1962, dans les Andes chiliennes, pour observer le ciel de l'hémisphère Sud. Le siège principal est à Garching, en Allemagne, près de Munich (*cf.* http://www.eso.org).

Fond de rayonnement cosmique. À une longueur d'onde donnée, il s'agit de l'ensemble des photons émis par tous les astres et qui finissent par composer un fond diffus de rayonnement. C'est le cas du fond cosmique infrarouge, qui vient principalement des galaxies brillantes qui ont formé des flambées de formation d'étoiles dans le passé, et dont le rayonnement nous arrive rougi par l'expansion. Le fond le plus brillant est le fond micro-onde, qui est le rayonnement de corps noir fossile, vestige du Big-Bang.

GALEX (*Galaxy Evolution Explorer*). Satellite pour l'observation de l'ultraviolet, lancé par la NASA en 2003 (durée initialement prévue 3 ans). http://www.galex.caltech.edu/

HDM (*Hot Dark Matter*) ou **Matière noire chaude**. Modèle de matière noire non-baryonique, faite de particules qui sont relativistes lorsqu'elles se découplent du plasma au début de l'Univers, juste après le Big-Bang. Les neutrinos en font partie. Voir CDM.

HST (*Hubble Space Telescope*). Télescope spatial optique/infrarouge de 2 m de diamètre, lancé par la NASA, avec la collaboration de l'agence spatiale européenne (ESA). Il fonctionne depuis 1990. cf. http://hubblesite.org/

Inflation. Période d'expansion exponentielle de l'Univers, juste après le Big-Bang, à environ 10^{-35} seconde. La taille caractéristique de l'Univers s'est alors accrue d'un énorme facteur, de l'ordre de 10^{80}. L'inflation a été proposée par A. Guth en 1981 pour résoudre les problèmes de l'horizon et de la platitude de l'Univers.

ISW (*Integrated Sachs-Wolfe effect*). Effet du second ordre sur le fond cosmologique micro-onde. Cet effet est une perturbation des photons à la traversée de très grandes structures, qui s'ajoutent aux effets de premier ordre, traçant les oscillations acoustiques des photons et baryons avant la recombinaison. Voir chapitre 5.

JWST (*James Webb Space Telescope*). Le futur télescope spatial, projet de la NASA, en collaboration avec l'ESA, qui remplacera le Hubble Space Telescope, voir chapitre 6.

Kiloparsec. 1 000 parsec.

ΛCDM. Modèle d'Univers, basé sur la matière noire non-baryonique froide (voir CDM), et sur un contenu en énergie noire, d'environ $\Omega_\Lambda = 75\ \%$, qui rend la courbure de l'Univers nulle (soit un Univers plat). Modèle appelé « standard » aujourd'hui.

LBG (*Lyman Break Galaxies*). Galaxies lointaines sélectionnées par la coupure dans leur spectre vers la fréquence Lyman continue (fréquence seuil d'ionisation de l'atome d'hydrogène 13,6 eV, ou 912 Angströms de longueur d'onde). Le continuum des étoiles est absorbé au-delà par le gaz de la galaxie même et le gaz intergalactique sur la ligne de visée. Cette signature permet de repérer les galaxies à grand décalage vers le rouge par simple photométrie, sans même en faire le spectre.

Lentille gravitationnelle. Tout astre massif dévie par sa gravité les rayons de lumière qui passent à proximité, et ainsi déforme les images des objets situés derrière. La focalisation des rayons lumineux produit une amplification, similaire à celle produite par une lentille optique convergente. Une galaxie lointaine peut parfois, en cas d'alignement avec la lentille d'avant-plan, nous apparaître dédoublée, ou même répartie en plusieurs images différentes : on parle de mirage gravitationnel.

LOFAR (*LOw Frequency Array*) ou Réseau de télescopes à très basse fréquence (longueurs d'ondes supérieures à 1,2 m). Un des premiers instruments qui permettront d'observer la signature 21 cm de l'époque de la ré-ionisation de l'Univers. http://www.lofar.org/. Voir chapitre 6.

Lyman-α. Raie de recombinaison de l'atome d'hydrogène, reliant le fondamental (n = 1) au premier niveau électronique (n = 2). La raie est à 1 216 Angströms.

MOND (*MOdified Newtonian Dynamics*). Modèle de gravité modifiée, qui remplace l'hypothèse de matière noire non-baryonique, pour rendre compte des courbes de rotation des galaxies, et de la formation des grandes structures au début de l'Univers. Cf. les *MOND Pages* : http://www.astro.umd.edu/~ssm/mond/. Voir chapitre 6.

NAG ou AGN. Noyau Actif de Galaxies (*Active Galactic Nuclei*).

NLS1 (*Narrow Line Seyfert 1*). Les galaxies de Seyfert sont des noyaux actifs de galaxies, moins puissants que les quasars. Il existe des Seyfert 1 (à raies d'émission très larges), et des Seyfert 2 (à raies plus étroites). Dans le modèle standard d'unification, les Seyfert 2 seraient les équivalents des Seyfert 1, mais l'obscurcissement du noyau par la poussière ne permettrait pas de voir les raies très larges, tout près du noyau. Les NLS1 seraient des noyaux en train d'acquérir de la masse, avec des raies encore étroites. Voir chapitre 3.

PAH (*Poly-Aromatic Hydrocarbons*). Grosses molécules poly-aromatiques contenant du carbone et de l'hydrogène, ou petits grains de poussière. Voir chapitre 2.

Parsec. Unité de longueur, égale à 3,26 années-lumière (ou $3{,}08 \cdot 10^{16}$ m). C'est l'éloignement pour lequel la distance Terre-Soleil (ou unité astronomique UA) est vue sous un angle d'une seconde d'arc.

QSO (*Quasi Stellar Object*) ou quasar. Nom des noyaux actifs de galaxies.

Quintessence. Cinquième élément, dont l'existence est supposée pour résoudre le problème de l'énergie noire. Les quatre premiers éléments sont les baryons (neutrons et protons), les leptons (surtout les neutrinos, composant indépendant et massif), les photons (sans masse) et la supposée matière non-baryonique. La quintessence a pour particularité d'avoir une pression négative, au point de réaccélérer l'expansion de l'Univers, au lieu de la freiner par sa densité.

Référentiel comobile. Repère dans lequel les distances entre objets sont mesurées par rapport à une « règle » qui s'étire avec l'expansion. La longueur de cette règle vaut 0 lors du Big-Bang et 1 aujourd'hui, comme la taille caractéristique de l'Univers sans dimension R(t).

SDSS (*Sloan Digital Sky Survey*). Programme d'observations d'une grande partie du ciel de l'hémisphère Nord, qui a pour but d'obtenir les spectres d'un million de galaxies. Le « survey » a été obtenu avec un télescope dédié de 2,5 m de diamètre (Apache Point, Nouveau-Mexique, Etats-Unis).
http://www.sdss.org/

SIDM (*Self-Interacting Dark Matter*). Modèle de matière noire, où la section efficace de collisions entre particules est importante, contrairement au modèle standard. Voir chapitre 5.

SKA (*Square Kilometer Array*). Réseau géant de télescopes dans le centimétrique (de 1,2 cm à 2 m de longueur d'onde), d'une surface totale égale à un million de m^2. http://www.skatelescope.org/. Voir chapitre 6.

SMBH (*Super-massive Black Holes*). Trous noirs supermassifs, qui existent dans pratiquement tous les noyaux de galaxies. Lorsqu'ils accrètent de la masse, ils deviennent lumineux, et sont des NAG ou AGN.

Spitzer. Satellite infrarouge lancé par la NASA en 2003. D'abord appelé SIRTF, il fut rebaptisé d'après l'astrophysicien Lyman Spitzer. http://www.ballaerospace.com/sirtf.html

***Starburst* (galaxies à)**. Flambées de formation d'étoiles.

TF (loi de *Tully-Fisher*). Elle relie les vitesses de rotation des galaxies spirales à leur luminosité. Comme la vitesse mesurée ne dépend pas de la distance, cette relation est un indicateur de distance pour les galaxies. Elle sert aussi de test pour la matière noire. Voir chapitre 5.

UCD (*Ultra Compact Dwarf*). Galaxies naines ultra-compactes, découvertes dans les amas de galaxies. Ces galaxies devraient leur particularité à des interactions de marée dans l'amas. Voir chapitre 4.

Unité Astronomique (UA). Distance entre la Terre et le Soleil, soit 150 millions de kilomètres.

WMAP (*Wilkinson Microwave Anisotropy Probe*). Satellite lancé en 2001 par la NASA, pour observer le fond cosmologique micro-onde, et en particulier mesurer les pics d'oscillations acoustiques. En 2003, les premiers résultats de la première année d'observations donnaient déjà les principaux paramètres de l'Univers (notamment sa platitude, son âge et le contenu en baryons Ω_b). En 2006, WMAP a publié les trois premières années de résultats, qui confirmaient ces paramètres avec plus de précision, notamment sur la période de ré-ionisation de l'Univers. http://map.gsfc.nasa.gov/

Tableau donnant l'âge de remontée dans le temps (en milliard d'années), pour un décalage vers le rouge z donné, et la distance-luminosité correspondante, en milliards d'années-lumière, pour un Univers plat, avec une constante de Hubble H_0= 71 km/s/Mpc, Ω_Λ = 0,73 et Ω_m = 0,27.

Décalage vers le rouge z	Remontée dans le temps (Milliard d'années)	Distance-luminosité (Milliard d'années-lumière)
0,0	0,00	0,0
0,5	5,13	9,0
1,0	7,91	22
1,5	9,53	36
2,0	10,56	51
3,0	11,74	84
4,0	12,37	119
5,0	12,75	155
6,0	13,01	192
7,0	13,18	230
8,0	13,31	269
9,0	13,41	308
10	13,49	347
11	13,55	387

Décalage vers le rouge z	Remontée dans le temps (Milliard d'années)	Distance-luminosité (Milliard d'années-lumière)
12	13,60	427
13	13,64	467
14	13,67	508
15	13,70	548
16	13,72	589
17	13,74	631
18	13,76	672
19	13,78	713
20	13,79	755
21	13,81	797
22	13,82	839
23	13,83	881
24	13,84	923
25	13,85	966
26	13,85	1008
27	13,86	1050
28	13,87	1093
29	13,87	1136
30	13,88	1178
32	13,89	1264
34	13,89	1350
36	13,90	1436
38	13,91	1523
40	13,91	1610
42	13,92	1696
44	13,92	1784
46	13,93	1871
48	13,93	1958

Décalage vers le rouge z	Remontée dans le temps (Milliard d'années)	Distance-luminosité (Milliard d'années-lumière)
50	13,93	2046
52	13,93	2134
54	13,94	2221
56	13,94	2309
58	13,94	2398
60	13,94	2486
62	13,95	2574
64	13,95	2663
66	13,95	2751
68	13,95	2840
70	13,95	2929
72	13,95	3017
74	13,95	3106
76	13,95	3195
78	13,96	3284
80	13,96	3373
84	13,96	3552
88	13,96	3731
92	13,96	3910
96	13,96	4089

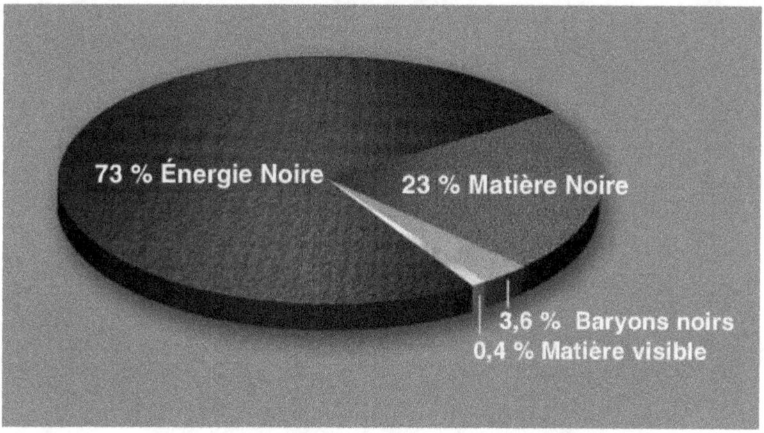

Composants de l'Univers

Les divers composants de l'Univers sont quantifiés par des grandeurs sans dimensions : leurs densités volumiques sont normalisées à la densité critique $\rho_c = 10^{-29}$g/cm^3.

Ainsi la matière $\Omega_m = \rho_m/\rho_c = 0{,}27$, est constituée de matière ordinaire (les baryons) avec $\Omega_b = \rho_b/\rho_c = 0{,}04$, dont seulement 10 % sont visibles, Le reste est de la matière noire non-baryonique (0,23).

Enfin les trois quarts de l'Univers sont de l'énergie noire, $\Omega_\Lambda = 0{,}73$, où $\Lambda = 0{,}73$ par extension.

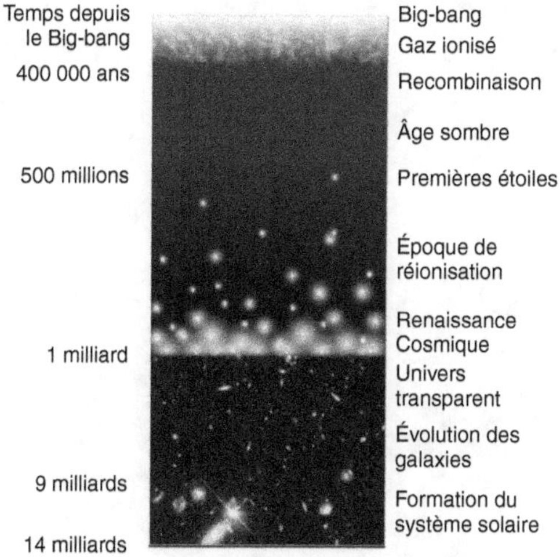

Grandes étapes de l'histoire cosmique

Index

D

E

F

G

H

I

J

L

M

N

O

P

Q

R

S

T

U

V

W

Légendes encart couleur

Messier 51 : Cette galaxie, aussi appelée NGC 5194, est le prototype des galaxies spirales, à grand dessin global, qui est attribué à une onde de densité. Cette structure spirale très marquée est dûe aux forces de marée exercées par son compagnon proche NGC 5195. Cette image composite de plusieurs couleurs du HST montre la formation de jeunes étoiles dans les bras : le gaz ionisé qui les entoure émet dans la raie Halpha de l'atome d'hydrogène, dans le rouge. Les bras sont aussi finement soulignés par des traînées de poussière, qui tracent la compression du gaz à l'entrée des bras spiraux. Cette galaxie, dans la constellation des Chiens de Chasse, est une des galaxies proches les plus observées du ciel. (© NASA/Hubble)

NGC 4258 : (aussi appelée Messier 106) Cette image est la combinaison d'une image optique (jaune), infrarouge proche (rouge), radio (mauve) et rayons X (bleu), prise dans l'espace avec le satellite Chandra. L'image optique et infrarouge est la partie « normale » de la galaxie, c'est-à-dire son disque d'étoiles où se dessinent des bras spiraux tout à fait ordinaires. La partie radio +X est tout à fait extra-ordinaire, et représente une éjection de matière ionisée, de plasma, par le noyau actif (ou trou noir) au centre de la galaxie. Ces bras « spiraux » sont appelés « anormaux », mais en fait ne sont pas des bras spiraux: le plasma éjecté dans le disque rencontre la matière du disque de la galaxie, qui dévie les jets qui devraient sinon se propager en ligne droite. Les jets rencontrent des obstacles dans le plan de la galaxie, et ceci engendre des ondes de choc qui chauffent le gaz à des millions de degrés : c'est pourquoi nous observons des rayons X. (© Chandra)

3C321 : Cette image représente la matière éjectée par un noyau actif (ou trou noir) au centre d'une galaxie (en bas à gauche) heurtant le bord d'une autre galaxie (en haut à droite). Dans l'image, des données de plusieurs longueurs d'onde ont été combinées: rayons X de Chandra (mauve), données optiques et ultra-violettes (UV) de Hubble (rouge et orange), et émission radio des interféromètres VLA et MERLIN (bleu). Le jet rencontre la galaxie compagnon par la tranche, puis le jet est dévié et guidé, tout comme le courant d'eau sortant d'un tuyau s'évase après avoir frappé un mur en oblique. Les rayons-X dans ce système, connu sous le nom de 3C321, prouvent l'existence de deux trous noirs supermassifs, un dans chaque galaxie. La rencontre ente les deux galaxies semble relativement récente, il y a moins d'un million d'années. Cette tranche de temps cosmique relativement courte fait de cet événement un phénomène très rare. (© NASA/Hubble)

Abell 2667 : L'amas de galaxies Abell 2667 vu ici par le télescope spatial Hubble, montre plusieurs phénomènes remarquables. A droite, le centre massif de l'amas dévie les rayons lumineux des galaxies de fond, et déforme leurs images, c'est le phénomène de lentille gravitationnelle, qui se traduit par des arcs de lumière. En haut à gauche, une galaxie bleue semble très perturbée, elle a la forme d'une comète. Elle a vraisemblablement subi les perturbations gravitationnelles de l'amas, très riche en galaxies, et le balayage de son gaz par pression dynamique, à son entrée dans l'amas. Le balayage provient du fait que l'amas baigne dans un gaz très chaud (émetteur de rayons-X), et que toute galaxie entrante se meut à grande vitesse par rapport à ce gaz chaud. Ces phénomènes expliquent pourquoi les galaxies spirales perdent leur gaz, et sont transformées dans les amas en lenticulaires, puis elliptiques par fusion. (© NASA/Hubble)

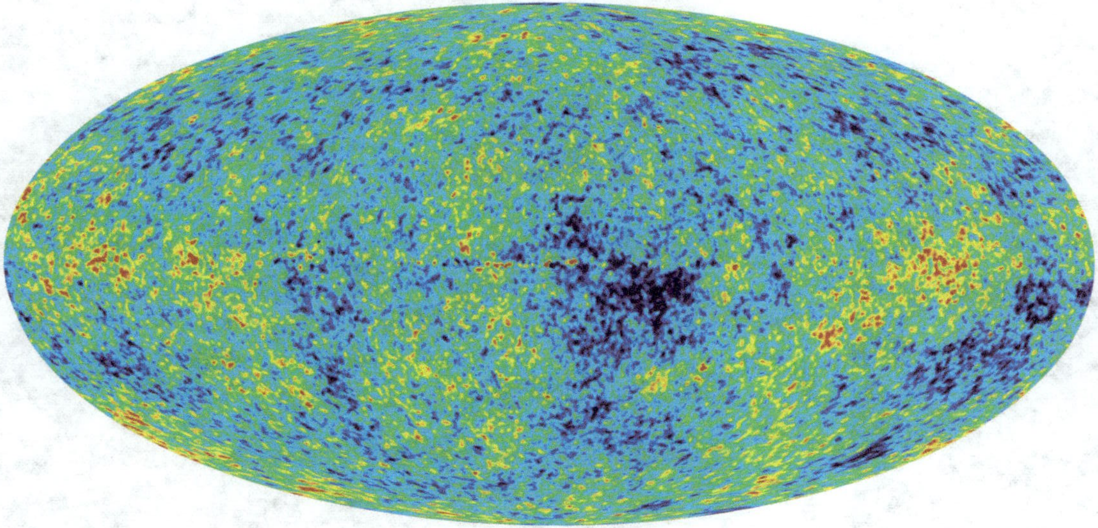

Figure 1.3 Les anisotropies du fond cosmique micro-ondes (voir page 14)

Figure 1.6 Détection de milliers de galaxies lointaines par imagerie de très longue pose (voir page 23)

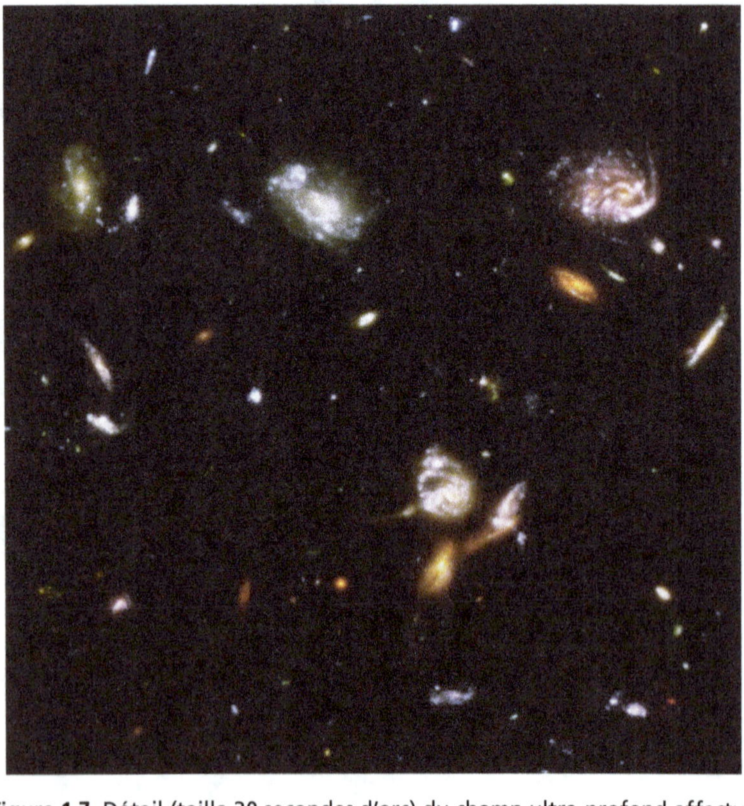

Figure 1.7 Détail (taille 30 secondes d'arc) du champ ultra-profond effectué dans une région du ciel vide d'objets proches dans l'hémisphère sud (HUDF) avec la nouvelle caméra du télescope spatial en 2004 (voir page 24)

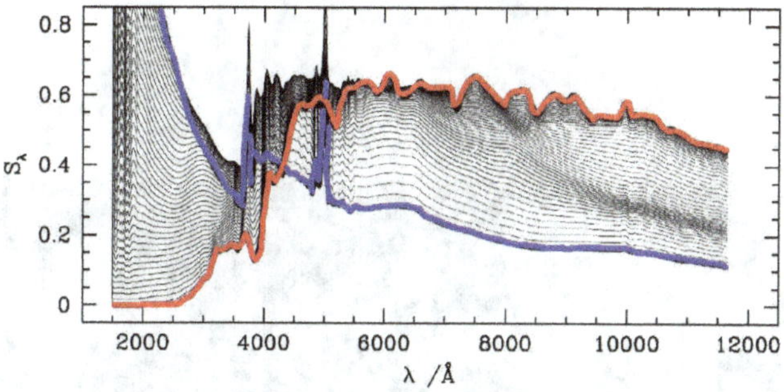

Figure 1.8 Distribution d'énergie pour toute une gamme de galaxies (voir page 26)

Figure 1.11 Image de notre voisine la galaxie spirale d'Andromède, telle que l'on n'a pas l'habitude de la voir (voir page 34)

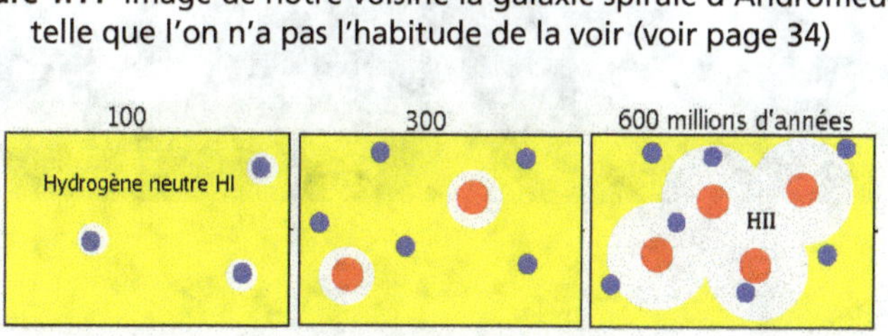

Figure 3.5 Représentation schématique de la ré-ionisation de l'Univers (voir page 85)

Messier 51 (voir légende détaillée en fin d'ouvrage)

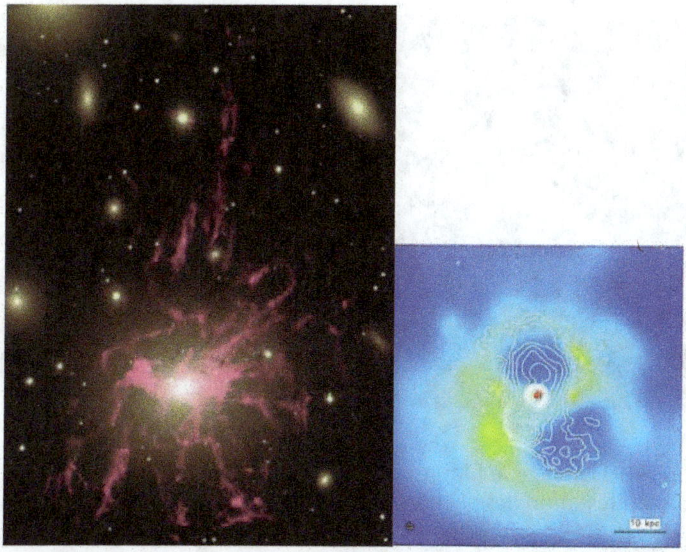

Figure 3.10 Phénomènes d'autorégulation dans l'amas de Persée (voir page 97)

Figure 6.6 Image de la collision entre deux amas de galaxies (voir page 180)

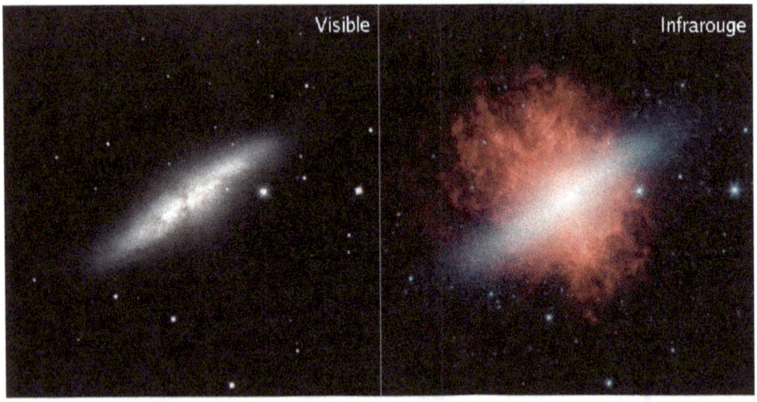

Figure 6.2 Flambée de formation d'étoiles dans la galaxie Messier 82, et manifestation des phénomènes énergétiques autorégulateurs (voir page 171)

NCG 4258 (voir légende détaillée en fin d'ouvrage)

Matière éjectée par un noyau actif au centre d'une galaxie
(voir légende détaillée en fin d'ouvrage)

Abbell 2667 (voir légende détaillée en fin d'ouvrage)

Figure 6.8
Vue d'artiste du réseau d'antennes submillimétriques ALMA
(voir page 186)

Figure 6.9
Plan de la structure de E-ELT (European Extremely Large Telescope), un télescope de 42 m de diamètre, dont le site n'est pas encore fixé (Chili, Canaries...) (voir page 188)

Figure 6.10 Vue d'artiste de la partie centrale de l'instrument SKA (Square Kilometer Array) (voir page 189)

www.ingramcontent.com/pod-product-compliance
Lightning Source LLC
LaVergne TN
LVHW011041061026
849535LV00006B/2110
9782100495290